我国地下水科学研究生教育的 机遇与发展

夏露　彭国华　武雄　著

·北京·

内 容 提 要

本书以我国地下水科学研究生教育为研究对象，梳理了我国地下水科学研究生教育的发展历程和培养现状，并以中国地质大学（北京）研究生教育为例，分析了我国地下水科学学术学位研究生教育中交叉融合的育人模式和地下水领域专业学位研究生教育中存在的问题。最后，以国家自然科学基金资助体系为视角，探讨了国家自然科学基金助推研究生培养范式的建立，以及学科的发展和生态文明建设需求给地下水科学研究生教育带来的机遇与挑战。

本书可供地下水学科的相关专业以及研究生教育专业的各院校师生阅读和参考。

图书在版编目（CIP）数据

我国地下水科学研究生教育的机遇与发展 / 夏露，彭国华，武雄著. -- 北京 : 中国水利水电出版社，2023.10
ISBN 978-7-5226-1913-2

Ⅰ. ①我… Ⅱ. ①夏… ②彭… ③武… Ⅲ. ①地下水－研究生教育－发展－研究－中国 Ⅳ. ①P64

中国国家版本馆CIP数据核字(2023)第207851号

书　　名	**我国地下水科学研究生教育的机遇与发展** WO GUO DIXIASHUI KEXUE YANJIUSHENG JIAOYU DE JIYU YU FAZHAN
作　　者	夏 露　彭国华　武 雄 著
出版发行	中国水利水电出版社 （北京市海淀区玉渊潭南路1号D座　100038） 网址：www.waterpub.com.cn E-mail：sales@mwr.gov.cn 电话：（010）68545888（营销中心）
经　　售	北京科水图书销售有限公司 电话：（010）68545874、63202643 全国各地新华书店和相关出版物销售网点
排　　版	中国水利水电出版社微机排版中心
印　　刷	北京中献拓方科技发展有限公司
规　　格	170mm×240mm　16开本　6.5印张　84千字
版　　次	2023年10月第1版　2023年10月第1次印刷
定　　价	**60.00**元

前　言

研究生教育肩负着高层次人才培养的重要使命，是国家发展、社会进步的重要基石，是应对全球人才竞争的基础布局。经济社会的发展和国家对人才的需求，行业特色研究生教育已成为高层次人才培养的重要领域。地下水属于基础性、战略性水资源，其科学开发、利用和保护，关系到人类社会与生态系统的协同健康发展。地下水科学研究生教育为国家培养地下水行业拔尖创新人才，具有重要的意义。

本书对我国地下水学科的发展和地下水科学研究生教育开展了研究。地下水科学学术学位研究生教育主要指水文地质学的研究生教育；专业学位研究生教育主要指资源与环境和土木水利专业学位类别中地下水科学相关专业领域的研究生教育。作者梳理了我国地下水科学学术学位研究生教育的发展历程，并以中国地质大学（北京）水文地质学研究生教育为例，从招生规模、学位点调整、课程设置、科研活动等多个角度，探讨我国水文地质学研究生教育与其他学科、其他领域交叉融合的育人模式；进一步总结了两个专业学位类别中地下水科学相关专业领域的研究生教育的研究方向和研究内容，结合我国专业学位研究生培养现状，分析了地下水领域专业学位研究生教育培养的优势和存在的问题。

国家自然科学基金委员会资助了大量的基础研究和前沿探索项目，其资助情况在一定程度上反映了学科发展趋势。作者统计了国家自然科学基金对地下水科学的资助情况，从资助项目数量、经费、资助类型以及项目关键词等角度，分析了地下水科学的研究现状、研究热点和发展趋势。并以中国地质大学（北京）2012—2019 年研究生培养现状为例，从研究生的学位论文、科研成果、科研活动和成果质量四个角度，分析了研究生参与国家自然科学基金项目的研究情况，展示了国家自然科学基金助推研究生培养范式的建立。

最后，作者揭示了学科发展与研究生教育的内在联系，学科的发展对研究生教育的带动，以及研究生教育对学科建设的反哺作用。从研究生培养方案顶层设计入手，通过构件课程体系、加强实践能力、健全管理机制和完善职业规划等四个角度，提出了地下水科学研究生培养模式的优化方案。探求了地下水学科的发展和生态文明建设需求给地下水科学研究生教育带来的机遇与挑战。

本书的研究工作，受到了国家自然科学基金委员会郑袁明老师的殷切关怀，汲取了中国地质大学（北京）王广才教授、于青春教授、郭华明教授、王旭升等教授的宝贵意见，得到了张迪博士、吴书培博士、马甜甜博士的大力支持，同时，还有众多关心和热爱地下水科学研究生教育事业的老师和朋友给予了本书无私帮助，在此一并表示衷心感谢！

作者

2023 年 10 月

目　录

第1章　绪　　论

1.1　研究背景

党的二十大报告将教育、科技、人才工作进行一体化部署。报告指出，必须坚持科技是第一生产力、人才是第一资源、创新是第一动力，深入实施科教兴国战略、人才强国战略、创新驱动发展战略，开辟发展新领域新赛道，不断塑造发展新动能新优势。这既是推动教育强国建设的战略举措，也是全面建成社会主义现代化强国的战略布局[1]。研究生教育是教育强国建设的制高点，在教育强国建设中居于极为重要的地位。习近平总书记在全国研究生教育会议上指出，中国特色社会主义进入新时代，即将在决胜全面建成小康社会、决战脱贫攻坚的基础上迈向全面建设社会主义现代化国家新征程，党和国家事业发展迫切需要培养造就大批德才兼备的高层次人才。研究生教育在培养创新人才、提高创新能力、服务社会经济发展、推进国家治理体系和治理能力现代化方面具有重要作用。可见，研究生教育肩负着高层次人才培养和创新创造的重要使命，是国家发展、社会进步的重要基石，是应对全球人才竞争的基础布局。

中华人民共和国成立以来，中国的研究生教育走出了一条砥砺前行的奋进之路[2]。中国的研究生教育建成了具有中国特色的现代学位制度，实现了高层次人才培养的战略目标，完善了不同层次和类型的研究生培养体系，逐步形成了具有中国特色的研究生教育发展模式。研究生教育是学生本科毕业之后继续进行深造和学习的一种教育形式，可分为硕士研究生教育和博士研究生教育，学位类别包含学术学位和专业学位两类。我国多年来主要立足于培养学术学位研究生。对硕士学位研究生的要求是“具有从事科学研究工作或独立负担专门技术工作的能力”；对博士学位研究生的要求是“具有独立从事科学研究工作的能力，在科学或专门技术上作出创造性成果”。在精英教育阶段，研究生培养以学术学位为主是必要的，也是必然的，主要为高等学校和科研院所输送人才。但进入大众化教育阶段后，研究生招生规模扩大了，如果仍然以学术学位为主，毕业后就业就很困难，而且大多数用人单位迫切需要应用型高级专门人才。因此，1992 年国务院学位委员会对我国学位制度进行了一次大的突破，也是历史性的突破，将我国学位类型分为学术学位和专业学位。授予学位的方式也是两种，即学术学位按门类授予，专业学位按专业学位类别授予。保留一部分学术学位研究生，主要由研究型大学承担，大多数高校培养有一定理论基础的应用型研究生，即专业学位研究生，其目标是培养具有比较扎实理论基础，并适应特定行业或职业实际工作需要的应用型高层次专门人才[3]。

改革开放特别是党的十八大以来，我国研究生教育快速发展，已成为世界研究生教育大国。持续推进研究生教育高质量发展，加快建设研究生教育强国，必须瞄准世界科技前沿和国家重大战略，培养造就大批德才兼备的高层次人才。中国特色社会主义进入新时代，国家各领域对高层次创新人才的需求更加迫切，研究生教育的地位和作用更加凸显，行业特色的研究生教育已成为高层次人才培养的重要领域。地球环境类研究生招生人数持续增长，培养规模不断扩大，对该行业领域研究生教育工作提出了较大的挑战。

1.2 研究意义

党的二十大报告中提出，推动绿色发展，促进人与自然和谐共生。牢固树立和践行绿水青山就是金山银山的理念，站在人与自然和谐共生的高度谋划发展。推进美丽中国建设，坚持山水林田湖草沙一体化保护和系统治理，统筹产业结构调整、污染治理、生态保护、应对气候变化，协同推进降碳、减污、扩绿、增长，推进生态优先、节约集约、绿色低碳发展。

水是生命之源、生产之要、生态之基，是人类生存发展不可或缺的重要资源。实现水资源和水环境可持续发展，是贯彻落实绿色发展理念、推进生态文明建设、建设美丽中国的必然要求。地下水是世界上使用最广泛的淡水资源，岩石圈储存的地下水占全球液态淡水总量的99%[4]，是人类生存发展必不可少的重要基础资源，具有一般地质矿产资源和水资源的双重属性。地下水与其所赋存的介质环境相互作用，共同承载着重要的生态功能，成为生态和环境系统的基本要素和山水林田湖草共同体的有机组成部分。地下水科学在解决人类面临的资源短缺、环境污染、地质灾害、生态环境恶化等诸多问题中发挥着重要的作用[5-6]。

随着耕地扩张和工业化、城市化的推进，地下水过度耗竭和污染问题日益加剧。我国地下水资源分布极不均匀，其分布与土地资源和生产力布局不相匹配，导致水资源供需矛盾日益严重[7]。地下水污染正面临着由点到面、由浅到深、由城市到农村不断扩展和污染程度持续加重的趋势。研究表明全球地下水开发利用和保护形势严峻：随着全球（特别是在干旱的农业区和城市中心）地下水开采量持续增加，优质地下水的可获得性不断降低；来自农业、工业、采矿、能源生产和遗留垃圾填埋场的污染物对地下水的威胁日益严重，砷和氯化物等原生地质污染物的迁移、新出现的污染物对地下水环境构成致命的威胁；农业灌溉是地下水的“用水大户”，同时也是非地质污染物的重要来源[8-9]。在我国生态文明建设中，地下水是推动绿色发展的基础性、战略性资源，水资源利用和生态地质环境保护的需求强劲，地下水科学为水资源安全供给和可持续利用、生态文明建设全过程提供有效的科学支撑。

地下水科学是以地质学理论为基础[10]，研究人类活动影响及其与岩石圈、水圈、大气圈、生物圈耦合作用下，地下水系统的结构、组成和地下水水量、水质的时空变化规律，同时研究地下水开发利用引起的地质灾害和环境问题并进行控制调整的一门学科，是关系到人类生活、社会需求和科技发展的重要学科。地下水学科是国际上地球科学发展最为迅猛的分支学科之一[11]，成为流体地球科学的主干和基础学科。经济社会发展和地球科学学科发展的强劲需求，推动着地下水科学的基本理论和研究方法不断发展[12]，成为我国地下水学科发展的动力。

地下水学科最早是在19世纪初由欧洲提出[13-14]，当时称为水文地质学，其主要研究内容是对地下水自然现象的描述和认识。20世纪中期，开始逐步形成较完整、系统的独立学科[15]，开始在地质学科的基础上，和其他一系列基础自然科学以及水文科学相互结合，相互渗透，发展成为一门跨学科的综合性学科。地下水科学从对地下水形成过程和基本规律的认识，应用到地下水的寻找和开发利用，再发展到对地下水的定性、定量评价等。随着地下水学科与其他不同学科和先进技术方法（如数、理、化、计算机科学遥感、信息技术等）的交叉融合[16]，逐渐向跨学科的综合性边缘学科发展，并使学科的属性由基础性学科发展为应用基础学科和应用学科。

学科具有动态性、前沿性，与高深的科学研究、高水平的研究生教育密不可分[17]。地下水科学与生俱来的特点是交叉融合性，使得地下水学科成为一门跨学科的综合性学科，而高校院系通常是沿着传统学科主线组织设置的，使得推动地下水科学研究生教育具有一定的挑战性。地下水科学研究生教育的核心是通过系统、专门而精深的科学研究创造知识，关键是培养学生的生产实践和创新意识。加强地下水科学研究生教育是国家生态文明建设中不可或缺的，是推动我国地下水科学发展的首要任务，也是研究生教育阶段解决实际问题不可回避的问题。地下水科学研究生教育具有多学科性，在面对与地下水有关的现实问题时，研究往往呈现复杂、多学科性、横向延伸和多维度的特点[18]。因此，多学科交叉融合是必然的发展趋势。密切结合世界科技发展的前沿，促成创造性的科学思维，是交叉学科研究生教育的源动力。不同学科研究生教育之间的交叉、渗透已成为当前社会经济发展的迫切需求和科学发展的必然趋势。因此，跨学科的研究生教育是必不可少的，也是目前研究生教育面临的挑战和历史使命。通过统筹和部署面向国家重大战略需求和新兴科学前沿交叉领域研究，促进了复杂科学技术问题的多学科协同攻关，形成了新的研究生培养模式。地下水科学的研究生教育，深化跨学科教学育人模式，培养有多学科背景的应用型、复合型、技能型的高层次地下水科学人才，追求地下水科学交叉学科创新能力的突破，实现地下水科学理论与地质资源、环境等实践应用相结合的技术创新，为国家培养地下水科学的拔尖创新人才，具有重要的意义。本书通过梳理我国地下水科学研究生教育现状，分析地下水科学研究发展趋势，探讨地下水科学研究生教育的新模式，提出地下水科学研究生教育发展面临的机遇与挑战。

1.3 研究内容

本书的研究对象是地下水学科研究和地下水科学研究生教育，

包括该学科的学术学位和专业学位的研究生教育。地下水科学学术学位研究生教育主要指水文地质学的研究生培养；专业学位研究生教育主要指资源与环境和土木水利专业学位类别中地下水科学相关专业领域的研究生培养。总体思路如下：

第1章，从研究生教育和地下水科学的社会实际需求出发，引出地下水科学研究生教育的重要性和必要性；介绍目前国内研究生教育的发展现状，并结合地下水学科的交叉融合性，提出了本书的主要研究内容是地下水科学研究生教育。

第2章，介绍我国地下水科学学术学位研究生教育的发展历程，并以中国地质大学（北京）水文地质学研究生教育为例，从招生规模、学位点调整、课程设置、科研活动和学位论文等多个角度，探讨我国水文地质学研究生教育中交叉融合的育人模式。

第3章，介绍我国专业学位研究生培养现状，并总结资源与环境和土木水利专业学位类别中地下水科学相关专业领域的研究方向和培养方案，结合国内其他高校专业学位研究生培养模式的调研结果和专业特色，进一步分析我国地下水领域专业学位研究生教育培养的优势和存在的问题。

第4章，介绍国家自然科学基金委员会对地下水科学的资助情况，从资助项目数量、经费、资助类型以及项目关键词等角度，梳理涉及地下水科学国际合作情况、项目的学部学科分布情况以及主要研究热点。并以中国地质大学（北京）研究生为例，从研究生的学位论文、科研成果、科研活动和成果质量四个角度，探讨国家自然科学基金助推研究生培养范式的建立。

第5章，介绍国家自然科学基金资助体系下，地下水科学的发展趋势和创新型研究；揭示学科的发展对研究生教育的带动，以及研究生教育对学科建设的反哺作用；探求地下水学科的发展和生态文明建设需求给地下水科学研究生教育带来的机遇与挑战。

1.4 研究方法

本书研究方法包括文献研究法、访谈研究法、个案研究法、比较分析法和数量研究法。

（1）文献研究法。文献研究法是自然科学和社会科学研究的重要方法，也是本书研究的基本方法。本书在查阅了研究生教育及地下水科学中英文文献的基础上，综述了我国地下水科学研究生教育的发展历程，总结了地下水学科的发展趋势，探讨学科发展为我国地下水科学研究生教育带来的机遇与挑战。

（2）访谈研究法。访谈研究法是研究者通过与研究对象的交流，收集相关数据资料的研究方法。本书通过调研专业学位研究生、导师以及研究生管理人员，进行抽样访谈，获取第一手资料，了解到目前地下水领域专业学位研究生教育的现状以及存在的问题。

（3）个案研究法。个案研究法，也称案例研究法，是指针对某一特定组织、群体或者个人进行深入研究，从而发现其典型特征及发展规律的研究方法。本书选取中国地质大学（北京）水文地质学研究生教育为例，从招生规模、课程体系、培养方案、学位论文四个角度，总结我国地下水科学学术学位研究生教育的发展历程和特点。

（4）比较分析法。比较分析研究法指根据一定的标准，对两个或两个以上事物进行对比研究，以发现其共同特性，并进一步寻求差异的研究方法。本书从研究生学位论文、科研成果、科研活动和成果质量四个方面，对不同学位类别的研究生科研创新情况进行比较。其中，成果质量又从期刊影响因子和期刊 JCR 分区两个维度进行比较。重点比较了研究生参与科研活动后发表的科研成果中，第一标注基金资助的情况。在此基础上，提出了国家自然科学基金相比于其他基金资助形式更有利于研究生进行科研创新。

（5）数量研究法。数量研究法又分为“统计分析法”和“定量分析法”，是通过对研究对象的规模、程度、范围等数量关系进行分析，揭示事物之间的关系，并分析发展趋势，以此来达到对事物的正确认识和预测的一种研究方法。本书统计分析了国家自然科学基金对地下水科学的资助情况，定量分析了受资助项目的学部学科分布、项目类型和主要研究方向，总结了地下水科学研究现状，揭示了目前存在的短板和瓶颈问题，并分析了地下水学科发展趋势。

第2章 地下水科学学术学位研究生教育

我国地下水科学学术学位研究生的培养主要指水文地质学研究生教育。水文地质学是研究地下水（圈）的科学，是地质学的一个重要分支学科，在地下水资源的评价、开发与利用以及各种工程建设中起到了极其重要的作用。在我国，水文地质学是中华人民共和国成立后发展起来的一门学科，和当时世界的发展水平相比，几乎落后了20年[19]。水文地质学研究生教育始于北京地质学院1952年设立的研究生班。1952年，北京地质学院、南京大学和长春地质学院创立了我国第一批含有地下水文学或地下水科学相关的学科。北京地质学院（1987年组建成立中国地质大学）和东北地质学院（2000年合并为吉林大学）成立水文地质工程地质系，正式开启了中国水文地质与工程地质专业的本科教育。1954年，北京地质学院水文地质工程地质系首次接收了7名水文地质研究生学习。此后，国内相继有20余所高校和科研院所开设了“水文地质与工程地质”专业。

1978年，我国恢复研究生招生，当年部分高校即恢复水文地质学研究生招生。1981年经国务院批准，武汉地质学院北京研究生部设立“水文地质学”学科博士学位授权点，成为我国首批具有水文地质学硕士、博士学位授予权的学科点。1998年水文地质学专业取消后，部分高校以水文学及水资源专业继续培养水文地质学研究生。2017年9月，中国地质大学（北京）入选一流学科建设高校，其中水文地质学属于地质学中的二级学科入围“双一流”建设学科名单。因此，中国地质大学（北京）水文地质学研究生教育在我国地学研究生教育史研究中具有代表性。本章以中国地质大学（北京）为例，回顾我国水文地质学研究生教育的发展历程。

2.1　教育探索期

1951—1965 年是水文地质学研究生教育的探索期。中华人民共和国成立初期，水文地质学研究生教育处于向苏联学习的探索期。

1951 年，《1951 年暑期招收研究实习员、研究生办法》颁布后，我国研究生教育开始进入统一计划招生轨道。

1953 年，《高等学校培养研究生暂行办法》颁布后，水文地质研究生教育开始步入历史舞台。北京地质学院在苏联专家 M. M. 克雷洛夫的帮助下，首次在我国开展水文地质研究生培养[20]。水文地质学研究生教育初期，国内师资、研究生教材、科研力量等极少。在培养方式上，课程学习基本以自学为主，教学、科研实践主要与工程密切结合，没有统一的计划及方案。

1954 年，张人权等 7 人成为我国最早的一批水文地质学研究生（表 2.1）。这批研究生的毕业设计内容涉及了水文地质多个研究方向，如灌溉区的水文地质研究、矿床水文地质的研究、城市供水方面的研究以及矿泉水的研究等[21]，为我国水文地质研究生教育开了先河。

从 1954 年到 1964 年，北京地质学院共培养了 23 名水文地质学研究生。该阶段是我国水文地质学研究生教育的探索期，水文地质学学科教材的建设经历了从苏联译本到内部讲义、再到正式出版三个阶段。探索期克服师资紧缺、研究生教材空白、硬件落后等重重困难，仍旧培养出不少著名水文地质专家学者，为推动我国水文地质研究生教学、科研起到重要作用。

表 2.1 1954—1961 年北京地质学院水文地质学研究生招生情况一览表

入学年份	人数	名 单
1954	7	张人权、田开铭、陈明、陈墨香、吴壁华、杨成田、胡长麟
1955	4	莊宝璠、沈树荣、张伯骅、李忠扬
1959	2	杨裕云、梁桂芝
1960	2	钟佐燊、童国榜
1961	8	丁彪龙、孙连发、楚占昌、许国柱、高维华、冯伟、许广森、汪蕴璞

2.2 学位点形成的历史沿革

1965 年前是我国地下水科学研究生教育的探索期，人才培养体系基本采用苏联模型。在培养方式上，课程学习基本以自学为主，教学、科研实践主要与工程密切结合，没有统一的计划及方案。教材也从苏联译本到内部讲义，逐步发展到正式出版。直到 1960 年，王大纯教授经过多次的实践探索与理论完善，出版了中国第一部水文地质教科书《普通水文地质学》，结束了中国水文地质学科教科书空白的历史，开拓了我国水文地质学科高等教育和科学研究的先河。20 世纪 80 年代，我国学者开始关注美国、加拿大和欧洲等国家的地下水科学教育动态，借鉴国外的先进经验，逐渐完善了国内的相关教材建设。

1978 年，我国相关院校开始逐步恢复地下水专业的硕士、博士招生。武汉地质学院北京研究生部成立，即成立了包含水文地质在内的 11 个研究室，为大规模培养水文地质研究生、开展高水平科研工作提供了条件和基础。40 多年来，水文地质学硕士和博士研究生教育经历了起步、发展和逐渐完善的过程。在此期间，硕士、博士学位授予和学科建设经历了几次波折。

1981 年，国务院学位委员会通过了我国首批博士、硕士学位授予单位和专业名单。其中，武汉地质学院北京研究生部是全国唯一的水文地质学博士学位授予点。1981 年、1985 年、1994 年，水文地质学学科连续获批原地质矿产部重点学科。

1998 年，水文地质学专业取消后，包括中国地质大学在内的传统地质院校都以“水利工程”一级学科的二级方向“水文学及水资源”继续培养水文地质学研究生。研究地下水的“水文地质学”并入研究范围更广的“水文学”，这次调整很大程度上影响了水文地质学科的建设以及人才培养。

2005 年，中国地质大学（北京）在“地质资源与地质工程”一级学科下设“地下水科学与工程”二级方向培养水文地质学研究生。其后，学科专业目录存在的问题与不足慢慢显现，在推进学科建设、适应经济社会科技发展和不断变化的人才培养需求方面暴露了一些矛盾和问题[22]。

2011 年，我国研究生学科专业目录进行了第四次修订，理顺和优化学科专业结构，水文地质学迎来了新的变化，重新进入《学位授予和人才培养学科目录》，归属理科一级学科“地质学”下。在“地质学”一级学科下设“水文地质学”二级方向，明确定义水文地质学是研究地下水（圈）的科学。水文地质学学科研究与岩石圈、水圈、大气圈、生物圈以及人类活动相互作用下地下水水量和水质的时空变化规律，以及如何运用这些规律去合理地利用地下水，防止和治理污染，保护好有限的地下水资源，兴利除害。研究领域包括以下方面：

(1) 区域、岩土体的水文地质条件、特征与变化规律，岩土体的赋存状态、地质结构、物理力学属性及其对岩土体变形与稳定的影响。

（2）水文地质演化与评价，研究地壳浅表层地质体赋存条件与状态的变化，评价和预测地壳浅表层的动力演化过程。

（3）水文地质新技术新方法开发。

改进学科建设后，科学地调整研究方向，推进水文地质学研究生教育改革，进一步提高水文地质学研究生培养质量，体现了人才培养和学科交叉的特色。

2.3　以中国地质大学（北京）为例

中国地质大学（北京）是一所以地质、资源、环境为主要特色的研究型大学。地球科学、工程学、环境/生态学、材料科学、化学、计算机科学 6 个学科领域进入 ESI 世界前 1%，其中地球科学进入 ESI 世界前 1‰。在该背景下，水文地质学科以学校地学特色为基础，紧密结合环境学、生态学和计算机科学的优势，推动跨学科、跨学院、跨学校乃至整个行业领域之间交叉融合，组建研究团队，形成了多学科深度交叉局面。

1981 年，武汉地质学院北京研究生部成为我国首批具有水文地质学硕士、博士学位授予权的学科点。1998 年 7 月，教育部修订学科专业目录，“水文地质与工程地质”专业被分解，中国地质大学将“水文地质与工程地质（部分）”并入三个二级学科，即“水利工程”一级学科下的“水文学及水资源”（本科专业为“水文及水资源工程”），“环境科学与工程”一级学科下的“环境工程”（本科专业为“环境工程”）以及“地质资源与地质工程”一级学科下的“地质工程”（本科专业为“地质工程”）。2011 年，第四次研究生学科专业目录修订后，中国地质大学（北京）逐渐恢复水文地质学学科，属于理科“地质学”一级学科下的二级研究方向。

经过 70 年的发展，水文地质学科教育迅速成长，教学、科研和生产实践相互融合，形成了以研究地下水为特色的学科，成为国内地下水领域专业科技人才的重要培养基地，所培养的毕业生已经成为我国地下水资源评价和合理开发利用、水文与水资源工程、水利水电工程地质行业的中坚力量。

2.3.1　研究生招生规模

图 2.1 和图 2.2 为中国地质大学（北京）1978—2021 年水文地质学硕士和博士研究生招生人数分布图。1978—2000 年，水文地质学研究生招生人数比较稳定。1997 年，由于国家调整了研究生学科专业目录，水文地质学学科取消，之后中国地质大学（北京）以“水利工程”下的“水文学及水资源”二级学科继续招收该类研究生。随后，学科又归属“地质资源与地质工程”下的“地下水科学与工程”二级学科进行研究生培养。这段调整期内，招生人数骤减，对水文地质学学科发展和研究生教育造成了一定影响。2014 年，国家进行第四次研究生学科专业目录调整，中国地质大学（北京）在“地质学”一级学科下设“水文地质学”二级方向，恢复水文地质学硕士研究生和博士研究生的招生，以学术学位研究生的方式进行培养，水文地质学研究生招生人数大幅攀升，招生规模趋于稳定。

水文地质学研究生教育经历了起步、发展和逐渐完善的过程。硕士、博士学位授予和学科建设经历了几次波折后，导师队伍不断扩大，学科领域不断开拓，现代化教学和科研设备不断增加，产学研不断紧密，已具备完善的研究生培养体系。

2.3.2　研究生课程体系

水文地质学研究生专业课程设置也从 20 世纪五六十年代的三门基础课（普通水文地质学、专门水文地质学、地下水动力学）逐渐

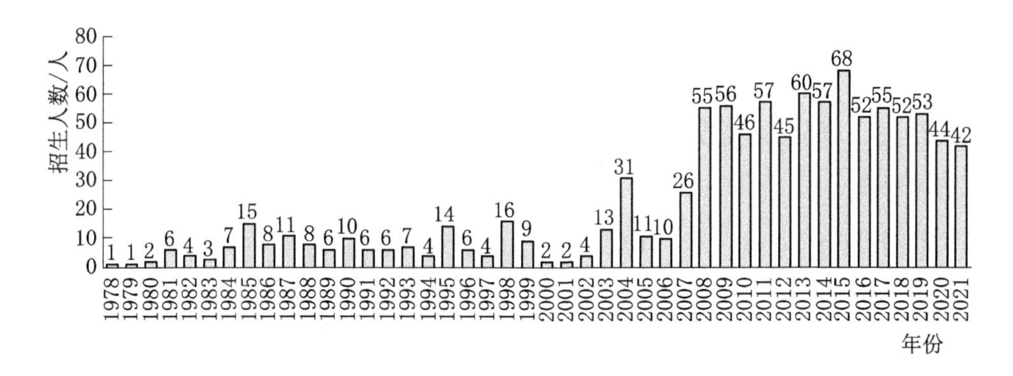

图 2.1 中国地质大学（北京）1978—2021 年水文地质学硕士研究生招生人数

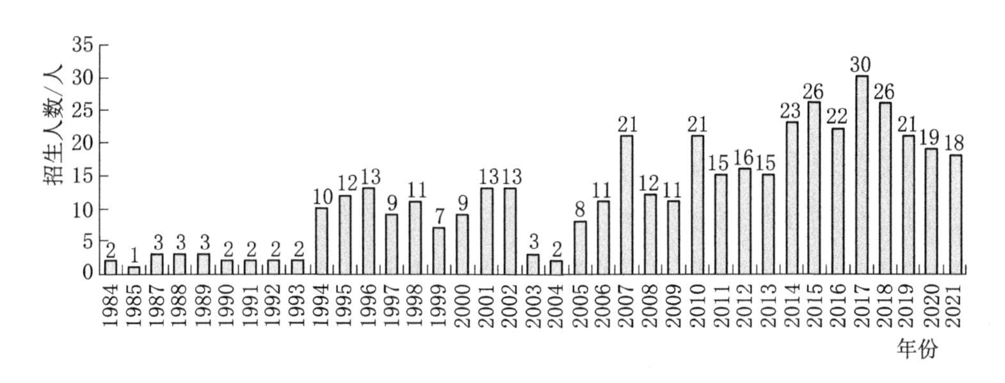

图 2.2 中国地质大学（北京）1984—2021 年水文地质学博士研究生招生人数

细化增加到近 20 门不同方向的研究生专业课程。

20 世纪七八十年代，水文地质学基础理论发展迅速，逐步从定性发展到定量研究，研究生课程的设置也集中于水文地质基础理论和方法上，课程包括：地下水运动的数值解法、地下水资源管理数学规划、流体力学、裂隙水基岩水文地质、数学地质等。

20 世纪 90 年代，水文地质学学科逐渐从传统水文地质学迈进了现代水文地质学，可以看出，计算机和遥感等新技术，分形理论、信息论、系统论等新方法，全面引入水文地质学科中，研究生课程也逐渐丰富，课程包括：地下水信息系统、水资源评价与管理、有限元程序计算、随机水文学、地下水环境工程、环境系统工程方法、环境水质模型、计算机在水工环中的应用、渗流中的地质统计学等。

21世纪以来，水文地质学与近代技术方法相结合，与其他学科的交叉融合，逐渐形成了一门跨学科的综合性学科。研究生专业课程内容更为广泛，课程包括：中国区域水文地质学、地下水信息系统、水资源评价与管理、地下水污染与防治、环境地球化学、土壤水动力学、水文地质随机方法、区域地下水流理论、地下水模拟技术、水环境遥感、水资源规划与管理、工程流体力学、现代水文模拟与预报、水资源与环境进展、环境生态学、城市地质环境等。多学科交叉渗透研究已经成为当今学科发展的趋势[23]，这在水文地质学的课程设置上体现得尤为显著。例如，在分析处理地下水系统问题时，往往涉及地球化学，生物学、岩土力学、土壤学以及相关的修复技术与处理技术等相关知识，及时开设相关的课程，对推动水文地质学研究生教育发展极为重要。

2.3.3　中国地质大学（北京）水文地质学研究生培养方案

水文地质学是中国地质大学（北京）自主设置的专业方向，主要研究地下水（圈）的科学，研究地下水的形成与演化规律，以及在地下水（圈）与地幔和岩石圈、生物圈、大气圈相互作用过程中的资源环境效应，进而为合理开发利用地下水资源，实现人与自然和谐发展提供科学依据。该学科的特色与优势在于生态水文地质、环境水文地质、污染水文地质、地震水文地质、矿区水文地质等方面，为乡村振兴和生态文明建设提供理论和技术支撑。表2.2和表2.3显示了中国地质大学（北京）水文地质学最新版研究生培养方案。

表 2.2 中国地质大学（北京）水文地质学博士研究生培养方案

课程类别	课程名称	学时	学分	开课学期	备注
公共学位课	中国马克思主义与当代	32	2	秋	
	科技道德与科学方法	16	1	秋	
	第一外语（英语）	64	2	秋	三选一
	第一外语（日语）	64	2	秋	
	第一外语（俄语）	64	2	秋	
专业学位课	地球科学进展	64	4	秋	
	博士文献综述（水环）	32	2	秋	采用公开报告方式考评（正文文字不低于 8000 字；参考文献 50 篇以上，其中外文文献占比 40%以上，近五年文献占比 40%以上）
	高级水文地质学	48	3	秋	
	Advances in Water Resources and Environment	16	1	秋	全英文授课
选修课	地下水污染与防治	32	2	秋	水文地质学直博生选修 4 门，鼓励跨方向选修，不少于 12 学分
	地质灾害与防治	32	2	秋	
	地下水资源评价与管理	32	2	秋	
	高等水文地球化学	48	3	秋	
必修环节	学位论文开题报告		0		具体要求见《中国地质大学（北京）研究生学位论文开题暂行管理办法》
	学位论文中期报告		0		具体要求见《中国地质大学（北京）研究生中期考核实施办法》
	参加学术会议和校内学术报告		0		不少于 10 次
	作学术报告		0		不少于 1 次国际、国内学术会议口头报告
	预答辩		0		

表 2.3　　中国地质大学（北京）水文地质学硕士研究生培养方案

课程类别	课程名称	学时	学分	开课学期	备　注
公共学位课	新时代中国特色社会主义理论与实践	32	2	秋	
	自然辩证法概论	16	1	春	
	硕士英语听说	32	2	春秋	
	硕士英语读写	32	2	春秋	
专业学位课	硕士文献综述（水环）	32	2	秋	硕士文献综述采用公开报告方式考评（正文文字不低于 5000 字；参考文献 40 篇以上，其中外文文献占比 30%，以上，近五年文献占比 40%以上）科研院选地院硕士文献综述
	科技写作（水环）	32	2	春	科技论文写作（含学术规范）
	数值分析	40	2	秋	四选一
	应用时间序列分析	40	2	春秋	
	统计计算	40	2	秋	
	偏微分方程数值解	40	2	秋	
	地下水污染与防治	32	2	秋	必选（高级水文地球化学为核心课程）
	高级水文地球化学	32	2	秋	
	地下水资源评价与管理	32	2	秋	
	科学方法与学术规范	16	1	秋	
	土壤水动力学	32	2	春	鼓励跨方向选修
	环境生态学	32	2	春	
	水资源与环境的计算机技术	32	2	春	

续表

课程类别	课程名称	学时	学分	开课学期	备注
专业学位课	岩土数值法	32	2	秋	鼓励跨方向选修
	地质灾害与防治	32	2	秋	
	水利水电工程环境保护	32	2	秋	
	现代水工结构设计	32	2	秋	
	水利与环境工程案例与经济分析	32	2	秋	
	现代水文模拟与预报	32	2	秋	
	中国区域水文地质学	32	2	秋	
	工程流体力学	32	2	秋	
	水资源规划与管理	32	2	秋	
	地下水模拟技术	32	2	春	
	水文地质随机方法	32	2	秋	
	水资源与环境进展	32	2	春	
	区域地下水流理论	32	2	春	
必修环节	专业实践（学术学位硕士）		2		具体要求参见各培养单位专业实践学分认定要求
	学位论文开题报告		0		按照《中国地质大学（北京）研究生学位论文开题暂行管理办法》执行
	学位论文中期报告		0		按照《中国地质大学（北京）研究生中期考核实施办法》执行
	参加学术会议和校内学术报告		0		不低于8次学术报告
	作学术报告		0		国际、国内学术会议口头报告，不少于1次

水文地质学研究生学习年限与学分要求：全日制学术硕士学制 3 年，最长学习年限 4 年（含休学），硕士研究生最低学分要求为 30 学分（其中选修课≥7 学分）；直博生学制 6 年，最长学习年限 8 年（含休学），博士研究生最低要求 30 学分。申请-考核博士生学制 4 年，最长学习年限 6 年（含休学）；硕士一年级申请硕博连读生学制 5 年，最长学习年限 7 年（含休学）；其他年级硕士申请硕博连读生学制 4 年，最长学习年限 6 年（含休学），博士研究生最低要求 15 学分。

中国地质大学（北京）水文地质学研究生培养方案上可以看出，开设的课程融入了其他基础学科的理论知识，出现了百花齐放的新局面。数学、物理、化学、生物学等越来越多的基础科学融入水文地质学研究生教育中，新技术新方法与水文地质学相结合，水文地质学已发展成为一门跨学科的综合性边缘学科。水文地质学从地下水系统的研究，进一步扩大为研究地下水与人类圈内由资源、环境、生态、技术、经济、社会组成的大系统，是“资源-环境-生态-灾害”并重的地下水科学。通过科学优化课程体系，开设跨学科综合课程，是构建水文地质学研究生教育与其他学科、其他领域交叉融合育人模式的主要体现。

2.4　水文地质学研究生教育中的交叉融合

国际上的地下水科学教育比较注意区分本科和研究生层次的不同侧重点[24-27]。在本科培养计划中，不单独设立“水文地质”或“地下水”专业；而在研究生，尤其是博士生阶段，则大多在地质系或地球科学系中设立水文地质或地下水科学的研究方向，这些研究生的本科专业多为“地质学”或“地球科学”，也有来自“土木工程”“环境科学”“地理学”等其他理工科专业。美国的本科教育相对较强调基础的宽厚，而研究生教育则强调专业的精深[28]，因此，地下水相关的课程一般只在研究生阶段才系统学习，博士生培养的基本要求是使研究生成为可独立承担本学科领域创造性研究的高层次人才。

中华人民共和国成立初期，大规模的基础建设，特别是矿山、水利和大型工业企业的建设，需要进行水文地质及工程地质勘察。经过70年的发展，地下水科学的研究范围从由解决当前具体的生产问题转向长期人与自然和谐发展的问题。水文地质学研究生教育中融入了多学科的元素。2018年，林学钰等提出了水文地质学学科12个分支方向（图2.3）：水文地质学基础、地下水动力学（地下水水力学）、水文地球化学、地下水微生物学、水文地热学、地下水圈历史（古水文地质学）、水文地质方法学、勘察水文地质学、区域水文地质学、地下水灾害防治学（工程水文地质学）、地下水圈保护学（环境水文地质学）、生态水文地质学。水文地质学在解决人类面临的水资源、环境、灾害和能源问题中发挥不可替代的作用，各分支学科相互交叉、相互促进、组合成一个新的完整的学科体系。同时也在地球科学、环境科学理论与方法体系中占有基础性、战略性的地位。

研究生学位论文是研究生科研活动、学术水平的集中体现，是研究生教育培养质量的重要标志，也是一个学科发展的历史见证[29]。作者统计了中国地质大学（北京）1978—2021年水文地质学硕士和博士研究生的学位论文，共计978篇，并对每篇论文按研究内容进行分析，以十年为一个单位，统计中国地质大学（北京）1978—2021年水文地质学学科各研究方向研究生学位论文数量统计，详见表2.4。并分析了每个十年水文地质学各研究方向研究生科研活动分布情况，绘制了水文地质学科40多年研究热点趋势图，详见图2.3和图2.4。

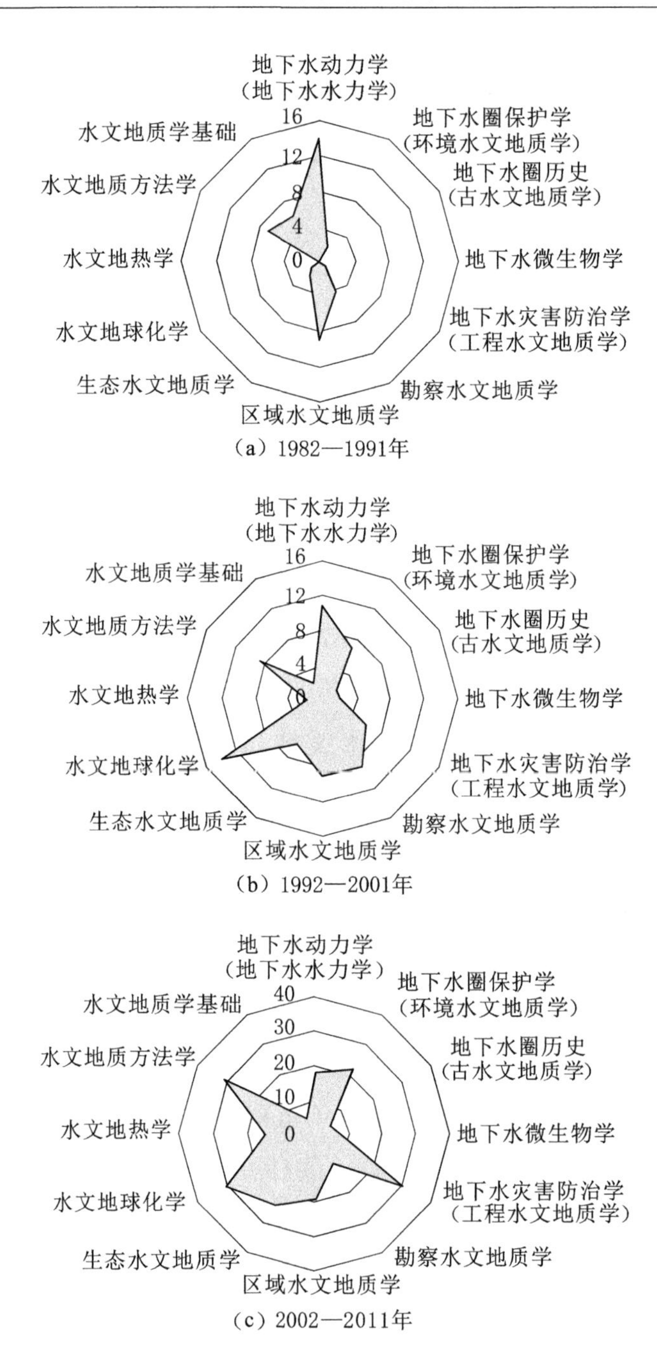

图2.3（一）　中国地质大学（北京）水文地质学各研究方向研究生科研活动分布图

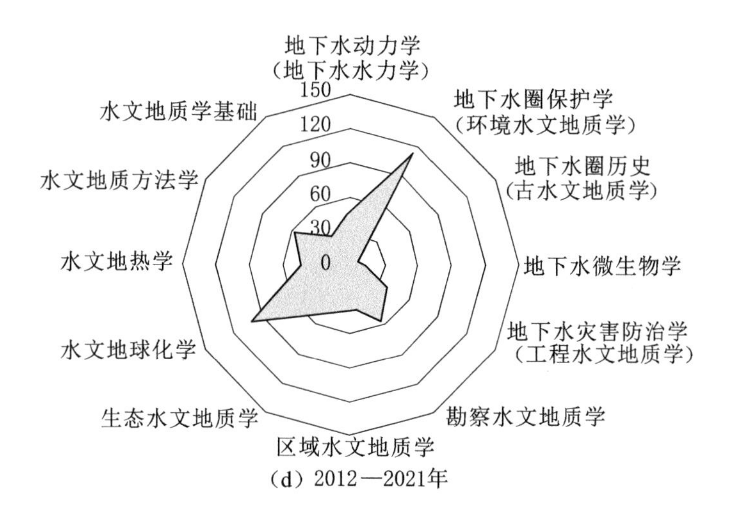

图 2.3（二） 中国地质大学（北京）水文地质学各研究方向研究生科研活动分布图

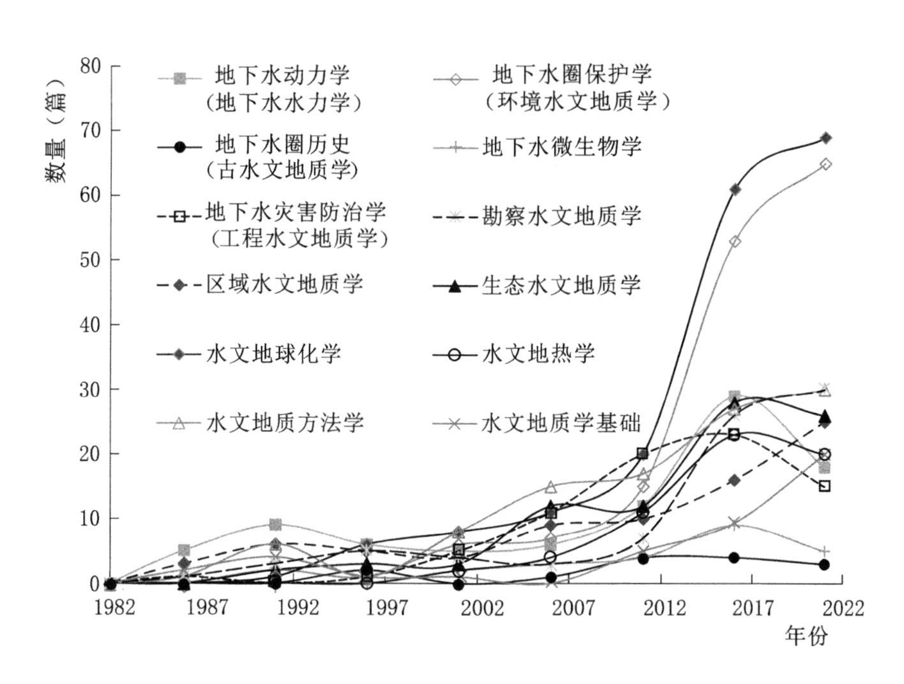

图 2.4 中国地质大学（北京）1978—2021 年水文地质学学科研究热点趋势图

表2.4 中国地质大学（北京）1978—2021年水文地质学学科各研究方向研究生学位论文数量统计

单位：篇

年份	地下水动力学（地下水水力学）	地下水圈保护学（环境水文地质学）	地下水圈历史（古水文地质学）	地下水微生物学	地下水灾害防治学（工程水文地质学）	勘察水文地质学	区域水文地质学	生态水文地质学	水文地球化学	水文地热学	水文地质方法学	水文地质学基础	总计
1982—1991	14	2	0	0	1	4	9	2	1	0	7	6	46
1992—2001	11	7	2	2	6	9	9	6	14	2	9	2	79
2002—2011	18	22	5	7	31	10	19	24	31	15	32	5	219
2012—2021	47	118	7	14	38	56	41	54	130	43	57	29	634

1982—1991年期间，水文地质学科从传统水文地质向现代水文地质过渡，逐步形成了完整、系统的学科体系，学科研究方向主要集中于地下水形成过程和基本规律的研究，以及对区域含水层的分布、埋藏等自然现场的描述和认识。该期间研究生的实践和科研内容主要集中于地下水动力学、区域水文地质学两个分支方向上，分别占到30％和20％。

1992—2001年期间，随着现代应用数学和计算机技术等新理论和新技术的引进，数值法在水资源评价、预测和管理中得到有效应用和结合，学科研究方向从传统的方法研究过渡到模型研究，水文地质学学科与其他学科的交叉融合更为密切。随着社会经济的发展，人类的生活质量逐步提高，工业、矿业不断壮大，导致了地面沉降、塌陷等环境地质问题逐渐显现。环境水文地质学、水文地球化学和水文地质方法学的研究生学位论文占的比例越来越高，占到总数的40％。

21世纪以来，地下水环境与灾害效应日益严重，资源枯竭和生态环境恶化严重危及人类自身的安全和发展，构建人和自然协调的、良性循环的水文系统、环境系统和生态系统迫在眉睫。环境水文地质学、水文地球化学和生态水文地质学的研究生学位论文占总数的比例达到45％。研究生科研实践的内容逐步呈现出多学科交叉渗透研究与处理问题的现象。供水水质安全、污染场地修复、流域生态环境保护、二氧化碳地质封存、核废料地质处理和地热资源的开发利用等方面是研究生学位论文的热点。

现代水文地质学的特点是构建人与自然协调的、可持续的发展系统，建立新的概念、理论和方法体系[30]。主要表现如下：

(1) 与现代科学的新理论新学科紧密结合，如系统论、信息论、控制论与相应产生的系统科学、环境科学、信息科学等，对水文地质学的发展发生了重大影响。近年来正在发展的开放复杂巨系统理论、非线性动力系统理论以及耗散结构理论等，对今后水文地质学的发展，产生深远影响。

（2）现代应用数学与水文地质学的结合，特别是数值模拟方法得到普遍应用，模型研究成为水资源研究的主要内容，使水文地质学从定性研究发展到定量研究的新阶段。

（3）地下水的研究，从地下水系统与自然环境系统相互关系的研究，扩大到与社会经济系统相互关系的研究。地下水资源的研究，也从数学模型发展到管理模型与经济模型的研究。

（4）许多新的分支学科的产生与发展，如区域水文地质学，岩溶水文地质学、遥感水文地质学、环境水文地质学、医学环境地球化学、污染水文地质学，以及数学水文地质学、水资源水文地质学等。

（5）新技术、新方法的应用，除计算机技术外，如遥感技术、同位素技术、自动监测技术、室内模拟技术，以及有关水质分析技术等，得到普遍应用，对推动水文地质学的发展，发挥了重要作用。

综上所述，我国水文地质学研究生教育历程见证并显示了水文地质学学科从传统水文地质向现代水文地质的演变过程。水文地质学学科的快速发展充沛滋养着水文地质学研究生教育，水文地质学研究生教育反哺着水文地质学学科发展。水文地质学研究生教育是培养我国水文地质高层次创新人才的重要基石，随着科学进步和社会经济的发展，培养具有跨学科背景和国际视野的研究生是目前研究生教育面临的挑战和历史使命。通过科学优化课程体系，开设跨学科综合课程，深化跨学科教学模式改革，加强国际合作与交流，有助于培养具有国际视野、自主创新能力的研究生，从而促进水文地质学学科发展。

第3章　地下水领域专业学位研究生教育

研究生教育的核心任务是培养国家急需的高层次人才[31]。习近平总书记对新时代研究生教育事业发展指明了方向，切实优化人才培养类型结构，大力发展专业学位研究生教育是加快新时代研究生教育的重要措施[32]。自教育部设立全日制专业学位研究生培养体系后，近几年来专业学位研究生教育发展迅速，招生规模已经超过全日制硕士招生总规模的50%[33]。

2009年，教育部设立全日制专业学位研究生培养体系。2010年，国家开始侧重于增加全日制专业学位研究生招生规模，要求招生单位除将每年新增的招生计划主要用于全日制专业学位研究生招生外，还要将招生规模数按原则上不少于5%的比例调至专业学位，减少学术学位招生人数。2015年，专业学位研究生规模占研究生总规模的比例由约30%增长到50%，“专业学位”与“学术学位”研究生培养的比例达到1∶1。2020年10月，《专业学位研究生教育发展方案（2020—2025年）》正式颁布。方案中提到，专业学位研究生教育要以国家重大战略、关键领域和社会重大需求为重点，招生规模继续扩大。2022年，我国在学研究生达365万人，总规模位居世界第二，已经成为研究生教育大国，教育部数据显示，人才培养规模上，专业学位授予人数占比从2012年的32.29%增至2022年的56.4%。按照目前的政策和发展趋势，到2025年专业学位研究生招生规模将达到研究生招生总规模的2/3左右[34]。自我国开始实行专业学位教育制度以来，经过 30 多年的发展，专业学位类别不断丰富，培养规模持续扩大，学术学位、专业学位研究生教育分类发展的格局基本形成，具有中国特色的两种类型、三级学位协调发展的体系初步建成。

专业学位研究生教育是以培养具有创新实践能力的高层次应用型人才为目标[35]。发展专业学位研究生教育是经济社会进入高质量发展阶段的必然选择，专业学位中涉及地下水领域的研究生教育往往被大家忽略。面对新时代的新要求，社会对地下水领域人才的需求越来越大，专业学位研究生培养中地下水相关的研究生培养值得重视。本章从我国高校关于地下水领域专业学位研究生培养现状入手，分析地下水领域专业学位研究生培养中存在的问题。

3.1　专业学位研究生培养现状

专业学位是具有职业背景的一种学位，面向社会特定职业的人才需求，以掌握研究方法和培养解决实际问题的能力为目标导向。美国是专业学位研究生教育的发源地[36]，发展得最为完善，基本上各个学科群都设置了专业学位。相对于国内研究生教育，国外更注重实践与应用[37-38]。首先，美国专业学位研究生培养模式中，专业性突出，培养目标导向性强，主要培养专业人才[39]；其次，注重应用实践课程，特别强调实习环节在整个课程中的重要性，培养理论和实践相结合的能力[40]；另外，注重毕业论文与就业之间的专业关系，并与职业资格直接挂钩[41]，设置不同的论文形式。美国专业学位研究生教育加强了政府、高校、市场之间的沟通与合作，为社会培养高水平的专业人才，区别于学术型学位的教育，更突出了专业学位的专业性和实用性。

我国自 1991 年开展专业学位研究生教育以来，时间还很短，培养模式还不完善，缺乏健全的培养模式与体系。设立专业学位研究生开始之初，大多数高校在专业学位研究生培养上，仍参考学术学位硕士的培养模式。其中小部分硕士生通过继续攻读博士学位而从事学术研究，但大部分硕士生毕业后从事应用型工作。这种人才培养与社会行业发展需求大相径庭。专业学位研究生的培养目标是培养掌握某一专业领域扎实的基础理论、宽广的专业知识，具有较强的解决实际问题的能力，并具有一定创新能力的应用型、复合型高层次工程技术与工程管理人才。可以看出，它不等同于以往的工程硕士培养，更区别于高职等职业技术培训。国家开始重视专业学位研究生培养，加快发展速度，增加了专业学位种类，扩大了培养规模，提高了培养水平，因此，专业学位研究生教育的社会影响不断增强[42]，在培养高层次应用型专门人才方面发挥了重要作用。随着十余年的培养实践探索，社会对全日制硕士专业学位研究生有了一个较为清晰的认识，专业学位研究生的培养模式已逐步完善，对专业学位人才的需求也越来越大。面对新时代的社会发展和科技竞争的需求，专业学位研究生培养将更注重工程基础技术的创新能力培养。研究生通过参与导师的项目研究，真正融入科学研究的各个环节。从科学问题的提出，到研究内容的设置、研究方法的提出、研究方案的设计，甚至到样品的采集、测试和分析等，通过提高研究生的实践动手能力启发科研创新性，从而达到高层次工程技术的基础科学创新。

2009年3月，教育部决定增招硕士研究生，全部用于招收应届本科毕业生全日制攻读硕士专业学位[43]。根据国务院学位委员会的定位，全日制专业学位硕士是针对社会特定行业和职业领域需要，培养具有扎实理论基础的应用型高层次专门人才的教育，以高技能、高素质人才培养为主，培养对象多为应届毕业生，要求学生在校脱产学习，属学历教育，既不同于传统的全日制学术型学位硕士，也不同于非全日制专业学位硕士。2010 年 1 月增设了 19 种专业学位类别。2011 年增加全日制专业学位类别达到 39 种[44]。

2019 年起，我国借鉴国内外对工程领域的划分情况，依据工程领域培养要求和知识体系，以国家重大战略、关键领域和社会重大需求为重点，将工程硕士（共 40 个领域）[45]调整为电子信息、机械、材料与化工、资源与环境、能源动力、土木水利、生物与医药、交通运输等 8 种专业学位类别[46]。其中资源与环境专业学位和土木水利专业学位中涉及了地下水领域的专业学位研究生教育。

3.2　资源与环境专业学位研究生培养

资源与环境专业学位（代码 085700）是 2019 年国家新设立的 8 种专业学位类别之一，在 2020 年开始招收全日制专业学位硕士。主要面向地质工程、矿业工程、石油与天然气工程、环境工程、冶金工程、测绘工程、安全工程等领域的规划、设计、研发、应用、管理以及环境保护和安全生产等，培养基础扎实、素质全面、工程实践能力强，并具有一定创新能力的应用型、复合型高层次工程技术与工程管理人才。该专业学位类别是为适应国民经济建设和社会发展的需要、社会与区域发展需求，在土地资源、水资源、矿产资源与化石能源以及地质灾害防治、环境保护、矿山复垦与土壤修复、重大工程地质环境安全监测、城市地下空间开发利用等行业和领域具有优势和特点。我国资源瓶颈问题凸显，资源与环境专业学位研究生培养对促进资源行业高层次创新人才培养、解决中国特色的资源与环境问题，具有重大的理论和现实意义。

国务院学位委员会办公室委托工程教育指导委员会于 2019 年启动编制资源与环境专业学位类别专业领域目录。全国各培养单位根据社会发展需求、自身办学特色和人才培养实际情况，参考指导性目录（表3.1）选择专业领域，设立工程类专业学位授权点。

目前，资源与环境专业学位在国内有272所高校在此专业学位下招生。以中国地质大学（北京）为例，资源与环境专业学位包含5个研究领域，每个研究方向下分2～9个不同的研究内容，表3.2列出中国地质大学（北京）资源与环境专业学位各研究方向具体研究内容。资源与环境专业学位类别是以地球科学、地质资源与环境和相关工程技术理论为基础，依托学校地质工程、环境工程、安全工程、测绘工程和石油与天然气工程等相关学科齐全的优势与特色，以国土资源与环境、化石能源勘查、地质环境与地质灾害评价、工程技术勘察和测绘工程等所涉及的重大问题为对象，多学科、多种技术相结合，瞄准国际前沿领域，建设资源与环境一流学科，培养一流工程技术人才，为国家经济建设提供技术支撑和人才保障。从表3.2中可以看出，环境工程和地质工程研究方向中都涉及了地下水领域研究内容。

表3.1　资源与环境专业学位类别专业领域指导性目录

领域代码	领域名称	领域代码	领域名称
085701	环境工程	085704	测绘工程
085702	安全工程	085705	矿业工程
085703	地质工程	085706	石油与天然气工程

表3.2　中国地质大学（北京）资源与环境专业学位具体研究内容

研究方向	具体研究内容
环境工程	城市污水处理厂的设计理论与技术；污水脱氮除磷技术；有机废水的厌氧处理技术；工业废水处理技术；污水处理厂的自动控制理论与技术；膜分离理论与技术；高级氧化技术；水体富营养化研究；面源污染；河流、湖泊等水体的水质模拟研究，环境监测评价与规划；环境法规与工程预算

续表

研究方向	具体研究内容
环境工程	土壤与地下水污染修复技术；环境污染多界面过程与转化机制；污染物的地球化学行为；绿色多功能环境修复材料；污染物的生物有效性与人体健康；场地污染调查与评估；可持续绿色修复；生物修复技术；重金属污染修复；难降解有机物污染修复；煤矿酸性废水微生物方法；矿山土壤微生物修复；生态恢复与生态系统重建
安全工程	以管理科学等多学科为理论基础，重点研究安全领域中的事故机理、风险管控、安全行为、安全心理、安全经济、安全文化等安全科学的规律与方法，为政府的安全立法、科学监管、科学决策提供理论和策略，为行业和企业的安全科学管理、事故风险管控提供方法和技术支持
	以系统科学、信息科学等多学科为理论基础，重点研究安全领域中的系统分析、应急管理、安全监察等安全科学的规律与方法，为政府的应急管理、系统决策提供理论和策略，为行业和企业的应急管理、安全系统工程提供方法和技术支持
	研究工业领域事故动态演化规律、动力灾变机制、应急决策理论和职业危害影响机理，研究工业灾害安全风险监测预警与事故控制技术，发展职业危害评价方法与控制技术，为科学解决工业事故提供理论与技术支撑
	研究工程灾害的演化规律及致灾机理，研究工程灾害安全风险评估的方法、工程灾害安全预警和控制技术、火灾防控理论与技术等，为科学解决重大工程灾害提供理论与技术支撑
地质工程	以矿物、岩石、矿床、地层、古生物、构造等为研究对象，运用地球科学的理论和研究方法，开展各类地质资源的调查、评价、开发、管理以及地质灾害勘查评价等方面的研究。主要研究领域包括：地球结构和物质组成、地球动力学、地质景观评价与规划、生态环境评价、珠宝玉石评估、遥感分析与应用、资源经济评价与规划等。特色与优势：密切围绕国民经济建设需求，服务社会发展
	以矿产资源（如固体矿产、石油、天然气、煤炭及非常规能源矿产等）为研究对象，运用矿产资源预测、勘查、评价、工程设计及开发利用的理论、技术和方法，开展矿产资源和非常规能源的普查、勘探与开发工作。主要研究领域包括：固体矿产资源勘查与评价、煤与煤层气地质、海洋资源、非常规油气储层工程、非常规能源地质与工程等。特色与优势：地学大数据挖掘等信息技术与传统的地质学、矿床学、海洋地质、地球化学、地球物理相交叉

续表

研究方向	具体研究内容
地质工程	立足重力勘探、磁法勘探、电法勘探、地震勘探、核地球物理勘探、地球物理测井等方法原理和技术，研究其在油气勘探、固体矿产勘探、水文地质、工程与环境勘查、城市地下空间、行星探测等领域的应用。特色与优势：与现代智能科技发展紧密结合，开展多尺度、多方法、多领域的地球物理探测应用，服务地区和国家发展战略
	以水文地质和工程地质涉及的地质体及工程所在的地质环境为研究对象，主要领域为水文地质勘察、水资源评价、水土污染调查监测评价修复、岩土工程测试、工程地质勘查、现场监测、工程施工等，解决人类工程建设中的水文地质和工程地质问题。主要领域包括：水资源评价、水土污染调查、水文地质勘查、工程地质勘察、水土污染防治等。特色与优势：水土污染调查、评价与防治；地震水文地质；环境水文地质；地下水资源评价；地下水-地表水交互作用和生态效应；工程地质问题的地下水效应等，服务国家和区域协调发展战略
	以与环境和灾害相关的地质问题为研究对象，以工程地质条件评价、地质环境改良及地质灾害防治等为目标，以岩土工程测试、工程地质勘查、灾害监测与评估、工程施工及检测技术为手段，解决自然与人为的地质问题。主要领域包括：自然灾害监测与评估、城市环境地质、岩土工程、人与自然交互带地质环境。特色与优势：矿山地质环境；自然地质灾害监测与评估；水土环境异常及健康风险；城市地质环境、地下空间利用；地质条件制约下环境、灾害问题的分布、形成和发展机理等，服务国家和区域经济、社会、环境可持续发展战略
	运用地学、资源学、环境科学等基本知识以及“3S”等技术，重点开展自然资源调查与评价、国土空间规划、国土综合整治与生态修复、土地信息技术等理论与技术开发研究，为保障我国土地资源与国土生态安全提供科学依据与关键技术。特色与优势：紧密围绕生态文明建设要求，培养适应自然资源统一管理、国土综合整治与生态修复需要的复合型人才
	以地质体及地质环境为研究对象，开展地质工程相关的钻掘（钻探、钻采、掘进）工艺技术方法、岩石力学与稳定性、材料技术、分析测试实验技术，以及交叉技术研究，获取地质信息，评价和改造地质体与地质环境，解决地质工程技术问题。主要研究领域包括：地下工程建设、矿产资源勘查与开发、地下非常规能源钻采、地下水及地热勘探开发、海洋与极地勘探开发、地球深部探测、地质灾害预测与防治、生态环境治理与修复、油气钻井等。特色与优势：以钻掘为主的多种技术方法解决地质中的工程问题，密切结合国家工程建设，应用面广

续表

研究方向	具体研究内容
地质工程	以地质体及地质环境的施工装备为研究对象，开展地质工程装备与机具相关的设计与优化理论、测量控制理论、设计与制造技术、自动化智能化、材料与防护技术、分析测试实验技术，以及交叉技术研究，为地质工程施工提供装备保障与支撑。主要研究领域包括：地下工程建设、矿产资源勘查与开发、地下非常规能源钻采、地下水及地热勘探开发、海洋与极地勘探开发、地球深部探测、地质灾害预测与防治、生态环境治理与修复、油气钻井等。特色与优势：装备技术紧密结合地质工程，服务国家工程建设，培养装备和工程结合的复合人才，应用面广
	以地下非常规能源为研究对象，主要运用非常规能源赋存、地球化学、钻探与随钻技术、掘进技术、工程地质勘察的相关理论和研究方法，开展地下非常规能源勘探、开发、开采中的地质问题和工程问题研究。主要研究领域包括：非常规油气地质、非常规油气储层工程、非常规能源地球化学、能源矿业工程、资源勘查工程、石油工程、地热以及非常规能源钻采等领域。特色与优势：非常规能源地质勘探与钻采生产一体化衔接
测绘工程	研究新型测绘技术以及地质灾害监测、分析、预测和评估的技术与方法。主要研究领域包括：InSAR技术、LiDAR技术、现代摄影测量技术、GNSS技术地质灾害监测与评估方法、多源数据信息融合技术和形变预警预报理论等
	研究多系统GNSS精密导航定位、GNSS电离层/对流层反演、GNSS/INS等多源传感器室内外无缝定位技术、重力测量与卫星定轨等理论与方法
	研究高空间分辨率遥感、微波遥感以及高/多光谱遥感数据处理、定量遥感模型构建与分析、多源遥感数据信息融合、遥感大数据智能解译、资源环境与行星遥感及地学应用等理论与方法
	研究地球空间信息系统技术和应用，包括空间数据组织与管理、空间数据处理与分析、3S技术集成应用、地理空间智能与服务、GIS软件工程等
石油与天然气工程	主要包括高分辨率层序地层学、沉积微相、油气藏类型识别与划分、储层表征、储层构型和流动单元、油气藏地质建模以及剩余油气分布评价等
	主要包括油气井钻井岩石力学、井筒多相流动、井眼轨迹设计、复杂结构井随钻监测理论与技术、试油试采、采油工艺设计、油气井增产措施、完井与储层保护等

续表

研究方向	具体研究内容
石油与天然气工程	主要包括常规/非常规/深层油气藏开发、低渗透及高含水油气藏多相渗流理论、数字岩心重构、现代试井理论与方法、油气藏数值模拟、油藏动态分析、油气藏开发调整、地热及天然气水合物资源开发等理论与方法的攻关研究
	主要包括化学驱智能水开发、油气藏纳米采油与润湿反转、优势通道化学调控方法与工艺、非常规压裂增能开发、多介质复合驱油理论与方法、稠油热采及化学降黏、微生物采油理论方法等
	主要包括油气田大数据理论与方法、油气田开发智能优化理论与方法、智能数值模拟技术、油田智能化生产操控技术等研究，为油气田开发的人工智能化提供理论基础与技术支持

环境工程研究方向的研究生教育主要面向政府环保部门及其他各行业企事业单位的相关部门环境工程领域培养基础扎实、素质全面、工程实践能力强并具有一定创新能力的应用型、复合型高层次工程技术和工程管理人才。环境工程包含地下水-土壤污染修复、水-土界面地球化学行为、矿山地质环境保护与治理和地下水环境影响评价等不同的学科方向。在环境污染治理技术与工程上，围绕当前面临的重大环境问题，在水体、土壤及矿山的生态治理与修复的基本理论、方法与实践技术等方面形成了研究特色。在水-岩相互作用及污染防治技术上，构建以水岩相互作用为基础的地下水资源保护理论与污染修复技术方法体系，形成以地下水污染敏感性分析、地下水污染内在净化作用、固体废弃物地质处置与资源化、地下水污染原位修复研究为特色的研究方向。在环境调查、评价与监测技术上，以系统科学理论为支撑，从环境演化的角度，研究自然与人为活动对环境的影响及其机制，探讨环境调查、评价、监测方法技术体系。在生物技术在环境治理中的应用上，将现代生物学领域的理论和技术手段与环境科学问题相结合，研究生物与环境相

互作用过程和协同演化机制，为环境生物治理技术提供支撑。在研究生培养方案中，开设了地下水污染与防治、土壤与地下水污染修复技术、高等地下水水化学等与地下水相关的课程。

地质工程研究方向的研究生教育是为适应国民经济建设和社会发展的需要以及社会与区域发展需求，为土地资源、水资源与地热、矿产资源与化石能源以及地质灾害防治、地质环境保护与安全监测、矿山复垦与土壤修复、重大工程勘查与建设、城市地下空间开发利用等领域培养应用型、复合型高层次工程技术人才和工程管理人才。其中涉及地下水领域有多个方向：以水文地质和工程地质涉及的地质体及工程所在的地质环境为研究对象，主要领域为水文地质勘查、水资源评价、水土污染调查监测评价修复、岩土工程测试、工程地质勘查、现场监测、工程施工等，解决人类工程建设中的水文地质和工程地质问题；以与环境和灾害相关的地质问题为研究对象，以工程地质条件评价、地质环境改良及地质灾害防治等为目标，以岩土工程测试、工程地质勘查、灾害监测与评估、工程施工及检测技术为手段，解决自然与人为的地质问题。在研究生培养方案中，开设了地下水资源勘查与评价、区域地下水流理论、水环境遥感、地下水模拟技术和土壤水动力学等与地下水相关的课程。

3.3　土木水利专业学位研究生培养

土木水利专业学位（代码085900）是与土木水利工程领域任职资格相联系的专业学位，面向建筑建材业、交通运输业、水利水电业、环保绿化业、安全防护业、农林牧渔业（设施）等相关行业，主要培养在工程规划与勘测、工程设计与施工、产品研发与应用、系统调试与运维、技术攻关与改造、工程调研与管理等方面基础扎实、素质全面、工程实践能力强，并具有一定创新能力的应用型、复合型高层次工程技术与工程管理人才。

土木水利工程是一个历史悠久的学科群，并伴随着社会文明进步和科学技术发展而不断被注入新的内涵，具有理论科学和技术科学的双重属性；其涉及的领域包括土木工程领域（结构工程、岩土工程、桥梁与隧道工程、防灾减灾工程及防护工程、工程建造与管理），水利工程领域（水文及水资源工程、水利水电工程、港口、海岸及近海工程、农业水土工程），市政工程领域，地质工程领域，测绘与遥感工程领域，船舶与海洋工程领域，设施农业领域，人工环境工程领域（供热、供燃气、通风及空调工程），材料工程领域，安全工程领域等。

表3.3列出工程教育指导委员会编制的土木水利专业学位类别专业领域指导性目录。目前，国内有226所高校在土木水利专业下招生。中国地质大学（北京）土木水利专业学位是在原水文地质、工程地质及探矿工程等传统优势学科基础上发展而来的，包含2个研究方向，每个研究方向下分3～4个不同的研究内容，具体见表3.4。主要面向岩土与地下建筑工程、防灾减灾及防护工程、地质灾害防治、地下水科学与工程、水资源评价管理、水资源开发利用、生态水利与水环境保护等领域，培养应用型、复合型高层次工程技术和工程管理人才。

表3.3　土木水利专业学位类别专业领域指导性目录

领域代码	领　域　名　称
085901	土木工程
085902	水利工程
085903	海洋工程
085904	农田水土工程
085905	市政工程（含给排水等）
085906	人工环境工程（含供热、通风及空调等）

表3.4　中国地质大学（北京）土木水利专业学位研究方向

研究方向	具体研究内容
土木工程	以岩土的利用、改造与整治为研究对象的学科。主要研究内容涉及土木、交通、水利、采矿及环境工程等领域与岩土有关的工程技术和科学问题，具体包括：岩土体工程性质、岩土力学基本理论、岩土体稳定性，以及岩土工程设计方法和理论、岩土工程施工技术与管理及测试分析技术等
	研究建造各类工程设施中具有共性的结构选型、力学分析、设计理论和施工建造技术及组织管理方法的学科。主要研究内容涉及混凝土结构、材料及其耐久性设计理论研究，钢结构、空间结构及其全寿命设计理论研究，工程结构灾害效应及其抗灾性态设计理论研究等
	通过综合应用土木工程及其他学科的理论与技术，以提高土木工程结构和工程系统抵御人为和自然灾害能力的学科。主要研究内容涉及地质灾害预测与防治、岩土工程灾害预测与防治、地下工程防灾减灾、大型结构物抗风与抗震等相关科学理论、设计方法与工程技术
	以岩体或土层中修建的隧道及各种类型的地下建筑物为研究对象，研究各类隧道及地下工程的规划、勘测、设计、施工、监测与养护的学科。主要研究内容涉及隧道及地下工程设计理论与优化、隧道及地下工程施工新技术与信息化、隧道及地下空间探测与监测技术、隧道及地下工程仿真分析等
水利工程	重点研究含水层特征及地下水循环特征的调查观测方法、地下水资源评价方法与技术、地下水流和溶质运移模拟技术、地下水开发利用与保护工程等
	重点研究水平衡调查观测方法、水文预报技术、水资源评价方法、水文过程模拟技术、流域水资源规划与工程管理等
	重点研究水生态与水环境的调查观测评价方法、生态需水评价方法、水污染防治技术、水土保持与生态修复工程等

土木水利专业学位类别大多数研究方向都涉及地下工程和地下水。在研究生培养方案中，开设了现代水工结构设计、水利水电工程环境保护、水资源规划与管理、岩土数值法、地质灾害与防治和水资源与环境的计算机技术等与地下水相关的课程。

3.4　专业学位研究生培养存在的问题

从以上两个专业学位不同领域的研究方向可以看出，较多研究领域都涉及地下水领域的研究内容。如资源与环境专业学位类别中环境工程领域和地质工程领域，涉及地下水污染及修复问题，地下水资源评价问题，水资源与地热问题等。土木水利专业学位类别中土木工程领域和水利工程领域，涉及地下工程渗漏和安全稳定问题、水土保持与生态环境问题等。

各大高校基本在依托各自学科特色和优势的基础上，制定专业不同的培养目标和研究方向，突出专业特色的同时，兼顾多学科基础技能，培养具有解决相关实际问题的能力、能够从事该领域工程技术和工程管理的硕士层次应用型人才。比如中国地质大学（北京）资源与环境专业学位硕士的培养目标，是以地球科学、地质资源与环境和相关工程技术理论为基础，依托学校地质工程、环境工程、安全工程等相关学科的优势与特色，以国土资源与环境、化石能源勘查、地质环境与地质灾害评价、工程技术勘查和测绘工程等所涉及的重大问题为对象，多学科、多种技术相结合，培养一流工程技术人才；河海大学土木水利专业学位研究生培养目标，是以水利学科为优势和特色，涵盖了水利工程（水文学及水资源，水力学及河流动力学，水工结构工程，水利水电工程，港口、海岸及近海工程，城市水务，水利水电建设与管理）、土木工程（岩土工程、结构工程、防灾减灾工程及防护工程、桥梁与隧道工程、土木工程建造与管理、土木工程材料、市政工程）及农业工程等学科，培养该领域的某一方向具有独立从事工程规划、勘测、设计、施工、维护与管理等专门技术工作能力的高层次、应用型、复合型专门人才。华北科技学院资源与环境专业学位硕士的培养理念，是以培养具有先进的大国应急管理理念、开阔的国际视野、扎实的应急管理基础理论、突出的专业技术能力，能够从事安全生产、防灾减灾救灾、抢险救援等工程实践，具备较高综合素养的高层次应用型专门人才。

作者调研了中国地质大学（北京）、中国石油大学（北京）、南京大学、济南大学、桂林理工大学等10所高校涉及地下水领域的专业学位研究生培养现状，查阅了培养方案中设置的课程体系以及教学内容，并对该学位类别下的18名导师和51名研究生进行了问卷调查和座谈。调研结果中，有77.78%的导师对专业学位研究生培养目标不能准确表述；有44.44%的导师认为专业课程的设置以往没有变化；有83.33%的导师无法区分名下学术学位和专业学位研究生；有70.59%的研究生与企业导师的沟通次数少于5次；有84.31%的研究生对行业实践课程的需求最高；有58.82%的研究生参加实践活动少于3个月；仍有19.61%的研究生对自己就业没有想法。

作者以中国地质大学（北京）专业学位研究生培养为例，中国地质大学（北京）资源与环境专业学位和土木水利专业学位中地下水相关的研究方向主要是依托水文地质工程地质专业，通过学科交叉逐渐建设起来的，发展历史较短，与地质学、地质资源与地质工程等传统地质学科存在千丝万缕的关系。这种独特的历史背景使得专业学位研究生教育具有明显的“胎记”，尚未达到独木成林的成熟期。地质类院校基本初步具备了“地下水”方面的优势，但土木水利方向的短板仍然很明显。如何在发挥地学特色优势的同时，补充完善专业学位领域的主流学科方向，形成相对宽厚的、独立的学科体系，这是地下水领域专业学位研究生教育发展面临的难题。通过高校调研和专家咨询，作者总结地下水领域专业学位研究生培养模式中存在的5个问题，为地下水领域以及其他领域的专业学位研究生培养提供借鉴。

3.4.1 学科体系不够健全

研究生培养方案中课程体系的设置是研究生培养中的核心部分[47]，承载了专业人才培养的目标，体现了专业学位的培养特色。2019年，国家设置资源与环境专业学位和土木水利专业学位，同时对该专业学位研究生培养方案中的课程学习提出了新的要求。为此国内大部分高校重新修订了培养方案，制定了专业学位研究生课程体系。作者收集并总结10所高校相关专业学位的课程设置，普遍缺少总体规划。例如，大部分高校资源与环境专业学位类别包含几十个不同的专业领域，每个领域设置不同的课程体系。该专业类别培养方案的制订集合了原地质工程、环境工程、安全工程、测绘工程等不同领域的培养课程，简单地汇总叠加，没有在教学、培养等各个环节加以统筹，没有形成体系，没有统一的资源与环境专业学位的学分和毕业要求[48]。课程内容过于陈旧，缺少领域最新研究进展，教学内容与行业、社会结合不够密切，没有交叉融合，没有改革创新。

3.4.2 领军人才缺乏

研究生培养必须依靠教师人才队伍的建设。由于地质类院校的人才储备集中在地质专业领域，水利工程学科人才先天不足，现有的学科方向带头人和研究骨干在土木水利领域还没有产生显著的影响力。这方面可以通过尽快培养或引进领军人才促进专业学位研究生教育的快速、全面和高质量发展。近10年来，不少地质类院校从水利类院校引进了一批具有土木水利教育背景的专业人才，对完善专任教师队伍起到了很大的作用。然而，引进的青年人才还需要一个成长期，多数尚未成为学科领军专家。

资源与环境专业学位类别和土木水利专业学位类别领军人才应具备地质学、地质资源与地质工程、土木工程和水利工程交叉学科素养，从而能够发挥地球科学的背景优势，把地下水科学的主流学科方向与地质类学科技术有效融合起来，面向国家对地下水领域专业学位研究生提出的新要求进行开拓创新，实现专业学位研究生培养的跨越式发展。这类人才是相对稀缺的，需要采取博士后引进、国际交流和政策激励等措施进行探索式培育。

3.4.3　专业实践教学环节薄弱

从专业学位和学术学位研究生培养方案，发现在课程体系的设置上，两种研究生培养的区别并不明显。专业学位研究生基本上是参照学术学位研究生的方式在进行培养，大多数课程设置和学术学位研究生的课程设置相似，没有充分考虑专业学位应用型人才的培养特点，缺少专业实践教学环节[49]，实验教学的软硬件基础尚不充分。专业学位研究生的实践基地偏少，实践教学没有相应的课程设计，针对该专业学位类别多学科交叉融合的实践教学环节就更少，尚未形成完整的实践教学培养体系。

3.4.4　专业学位论文质量把控机制不完善

根据规定，专业学位研究生论文是由校外企业导师和校内导师联合指导开展并完成的[50]。然而，在整个专业学位研究生的培养过程中，从论文选题、开展、中期到完成，校外企业导师参与度在培养方案中的体现较少。完全按照或照搬学术学位研究生学位论文的撰写规则或标准并不利于全日制专业学位研究生的培养，针对专业学位研究生论文质量的把控标准仍有待完善。

3.4.5　缺失针对专业学位研究生的职业生涯规划教育

专业学位研究生的就业主要通过社会招聘、导师推荐、自主创业或择业等方式完成。因为资源与环境和土木水利是2019年国家新设的专业学位类别，很多研究生对该学位类别非常陌生，很多导师也都停留在原工程硕士领域的概念上，观念尚未完全转变。在专业学位研究生的培养过程中，多数学科点缺少对研究生职业生涯规划的教育培养，迫切需要针对该学科研究生的职业规划设置精准的规划建议或引入相应资源，完善该部分的教育缺失。

综上所述，新形势下环境污染严重和资源能源匮乏已成为制约我国经济社会发展的瓶颈，国家急需一批具有较强应用实践能力的地下水领域高层次人才。然后专业学位研究生培养教育的时间还很短，培养模式还不完善，管理机制不健全，缺乏完整的培养体系。如何有效提高地下水领域专业学位研究生的工程实践能力，保证该领域研究生的培养质量和内涵建设，已经成为目前各领域专业学位研究生教育深化改革及提升的共性重点和难点问题，这同时也会满足社会多样化需求，培养输送专业高精尖人才具有重大而深远的战略意义。

第 4 章　NSFC 助推研究生教育的发展

国家自然科学基金委员会（National Natural Science Foundation of China，NSFC）面向国家重大需求和经济主战场，围绕国家经济社会发展中亟待解决的科学问题，引导科学家将科学研究活动中源头创新思想的生成与服务国家战略需求紧密结合，突破瓶颈性科学问题[51]，其资助情况在一定程度上反映了学科发展趋势。地下水属于基础性、战略性水资源，其科学开发利用和保护关系到人类社会与生态系统的协同健康发展。因此，地下水科学的发展一直是 NSFC 关注的热点和焦点之一。

我国地下水科学是在国家和社会需求驱动下成长的学科，学科的研究范围从由解决当前具体的生产问题转向长期人与自然和谐发展的问题，发展趋势为找水-资源-生态环境[52]。经过 70 年的发展，该学科的教育、科研和生产体系已基本形成。NSFC 根据学科发展趋势和国家战略需求，通过资助项目的形式，产生了一批高水平的科研成果，加强了学科人才队伍的建设，加速了高水平人才的培养，推动了学科持续、稳定、协调地发展。研究生教育是高层次的高等教育，与学科的发展和建设密不可分。学科发展直接影响研究生教育，促进研究生教育的改革，研究生教育对学科建设起到最直接的反哺作用。本章从地下水科学国家自然科学基金资助项目情况进行统计和分析，揭示地下水科学研究现状和热点，为该学科的研究生培养和科技决策提供依据。

4.1 NSFC 资助体系

国家自然科学基金委员会自1986年成立以来，根据科技发展趋势和国家战略需求设立相应的项目类型，经过不断优化调整，形成了结构合理、功能完备的资助体系，资助了大量的基础研究和前沿探索项目[53]。

面上项目：支持从事基础研究的科学技术人员在科学基金资助范围内自主选题，开展创新性的科学研究，促进各学科均衡、协调和可持续发展。

重点项目：支持从事基础研究的科学技术人员针对已有较好基础的研究方向或学科生长点开展深入、系统的创新性研究，促进学科发展，推动若干重要领域或科学前沿取得突破。

重大项目：面向科学前沿和国家经济、社会、科技发展及国家安全的重大需求中的重大科学问题，超前部署，开展多学科交叉研究和综合性研究，充分发挥支撑和引领作用，提升我国基础研究源头创新能力。

重大研究计划项目：围绕国家重大战略需求和重大科学前沿，加强顶层设计，凝练科学目标，凝聚优势力量，形成具有相对统一目标或方向的项目集群，促进学科交叉与融合，培养创新人才和团队，提升我国基础研究的原始创新能力，为国民经济、社会发展和国家安全提供科学支撑。

国际（地区）合作研究项目：资助科学技术人员立足国际科学前沿，有效利用国际科技资源，本着平等合作、互利互惠、成果共享的原则开展实质性国际（地区）合作研究，以提高我国科学研究水平和国际竞争能力。国际（地区）合作研究项目分为重点国际（地区）合作研究项目和组织间国际（地区）合作研究项目。重点国际（地区）合作研究项目：资助科学技术人员围绕科学基金优先资助领域、我国迫切需要发展的研究领域、我国科学家组织或参与的国际大型科学研究项目或计划以及利用国际大型科学设施与境外合作者开展的国际（地区）合作研究。组织间国际（地区）合作研究项目是国家自然科学基金委员会与境外资助机构（或研究机构和国际科学组织）共同组织、资助科学技术人员开展的双（多）边合作研究项目。

青年科学基金项目：支持青年科学技术人员在科学基金资助范围内自主选题，开展基础研究工作，培养青年科学技术人员独立主持科研项目、进行创新研究的能力，激励青年科学技术人员的创新思维，培养基础研究后继人才。

优秀青年科学基金项目：支持在基础研究方面已取得较好成绩的青年学者自主选择研究方向开展创新研究，促进青年科学技术人才的快速成长，培养一批有望进入世界科技前沿的优秀学术骨干。

国家杰出青年科学基金项目：支持在基础研究方面已取得突出成绩的青年学者自主选择研究方向开展创新研究，促进青年科学技术人才的成长，吸引海外人才，培养和造就一批进入世界科技前沿的优秀学术带头人。

创新研究群体项目：支持优秀中青年科学家为学术带头人和研究骨干，共同围绕一个重要研究方向合作开展创新研究，培养和造就在国际科学前沿占有一席之地的研究群体。

地区科学基金项目：支持内蒙古自治区、宁夏回族自治区、青海省、新疆维吾尔自治区、新疆生产建设兵团、西藏自治区、广西壮族自治区、海南省、贵州省、江西省、云南省、甘肃省、吉林省延边朝鲜族自治州、湖北省恩施土家族苗族自治州、湖南省湘西土家族苗族自治州、四川省凉山彝族自治州、四川省甘孜藏族自治州、四川省阿坝藏族羌族自治州、陕西省延安市和陕西省榆林市的部分依托单位的科学技术人员在科学基金资助范围内开展创新性的科学研究，培养和扶植该地区的科学技术人员，稳定和凝聚优秀人才，为区域创新体系建设与经济、社会发展服务。

联合基金项目：旨在发挥国家自然科学基金的导向作用，引导与整合社会资源投入基础研究，将有关部门、企业、地区的实际需求凝练转化为科学问题，汇聚优势科研力量开展科研攻关，推动我国相关领域、行业、区域自主创新能力的提升。

国家重大科研仪器研制项目：面向科学前沿和国家需求，以科学目标为导向，加强顶层设计、明确重点发展方向，鼓励和培育具有原创性思想的探索性科研仪器研制，着力支持原创性重大科研仪器设备研制，为科学研究提供更新颖的手段和工具，以全面提升我国的原始创新能力。国家重大科研仪器研制项目包括部门推荐和自由申请两个亚类。

基础科学中心项目：旨在集中和整合国内优势科研资源，瞄准国际科学前沿，超前部署，充分发挥科学基金制的优势和特色，依靠高水平学术带头人，吸引和凝聚国内外优秀科技人才，着力推动学科深度交叉融合，相对长期稳定地支持科研人员潜心研究和探索，致力科学前沿突破，产出一批国际领先水平的原创成果，抢占国际科学发展的制高点，形成若干具有重要国际影响的学术高地。

专项项目：支持需要及时资助的创新研究，以及与国家自然科学基金发展相关的科技活动，分为研究项目和科技活动项目两个亚类。研究项目用于资助及时落实国家经济社会与科学技术等领域战略研究部署的研究，重大突发事件中涉及的关键科学问题研究，以及需要及时资助的创新性强、有发展潜力的、涉及前沿科学问题的研究。科技活动项目用于资助与国家自然科学基金发展相关的战略与管理研究、学术交流、科学传播、平台建设等活动。

数学天元基金：是为凝聚数学家集体智慧，探索符合数学特点和发展规律的资助方式，推动建设数学强国而设立的专项基金。数学天元基金项目支持科学技术人员结合数学学科特点和需求，开展科学研究，培育青年人才，促进学术交流，优化研究环境，传播数学文化，提升中国数学创新能力。

外国学者研究基金项目：旨在支持自愿来华开展研究工作的外国优秀科研人员，在国家自然科学基金资助范围内自主选题，在中国内地开展基础研究工作，促进外国学者与中国学者之间开展长期、稳定的学术合作与交流。

国际（地区）合作交流项目：资助国家自然科学基金委员会在与境外科学基金组织、科研机构或者国际组织签署的双（多）边协议框架下，开展的人员交流、在境内举办双（多）边会议、出国（境）参加双（多）边会议，以及其他交流活动，旨在创造合作机遇，密切合作联系，为推动实质性合作奠定基础。

地下水科学在地球系统科学发展和国家经济社会建设中具有重要地位和作用，得到了国家自然科学基金的持续资助。作者以 NSFC 资助的涉及地下水科学的项目作为研究对象，从受资助项目的数量、经费、学部学科分布情况、项目类型和主要研究热点等方面，对 1986—2022 年 NSFC 资助的涉及地下水科学的项目情况进行统计和趋势分析，总结了地下水科学的研究现状，揭示了目前存在的短板和瓶颈问题，并探讨了地下水科学的发展趋势。具体研究过程包括：①通过 NSFC 的科学基金网络信息系统[54] 进行检索，检索期限为 1986—2022 年，主题词设定为“地下水”和“水文地质”；②通过题目和关键词搜索 NSFC 资助的项目，再综合“水文地质学”“地下水科学”“地下水环境”“环境水科学”四个学科之下涉及地下水科学的所有项目，进行数据汇总整理，去除重复项，获得所有资助项目数据，包括项目数量、经费、类型以及关键词等数据；③对数据进行分类和统计，分析近 40 年来 NSFC 资助涉及地下水科学的项目数量和经费动态变化，以及项目类型和受资助项目的学部学科分布情况；④利用 Origin 函数绘图软件和词云图工具进行可视化分析，揭示学科研究热点和学科发展趋势。

4.2 地下水科学资助情况

4.2.1 资助概况

1986—2022 年，涉及地下水科学的资助项目共 2892 项，资助经费约 15 亿元。资助项目类型包括面上项目、青年科学基金项目、地区科学基金项目、杰出青年科学基金项目、优秀青年科学基金项目、重点项目、国家重大科研仪器研制项目、重大项目、重大研究计划项目、联合基金项目、国际（地区）合作与交流项目等（表 4.1）。NSFC 对地下水科学的资助体系布局完善，“鼓励探索、突出原创，聚焦前沿、独辟蹊径，需求牵引、突破瓶颈，共性导向、交叉融通”四种不同科学属性[55] 的项目都有涉及。图 4.1 中展示了 1986—2022 年 NSFC 资助地下水科学的项目数量和经费年度变化情况，项目资助数呈稳步增长趋势，资助数量从 1987 年的 9 项增长到 2022 年的 187 项，资助经费增长了 253 倍。2014 年因为受到连续两年申请面上项目未获资助暂停申请 1 年的规定影响，申请和资助项目数明显减少。2016 年资助经费下降是受经费管理调整的影响，即图中数据不包含间接经费。2019—2020 年受学科代码调整等影响，资助数有所降低。

表 4.1　1986—2022 年 NSFC 资助地下水科学的不同项目类别汇总表

项 目 类 别	资助项目数	经费/万元
面上项目	1297	69777.9
青年科学基金项目	1030	24861.5

续表

项 目 类 别	资助项目数	经费/万元
地区科学基金项目	133	4918.2
杰出青年科学基金项目	14	3680
优秀青年科学基金项目	21	2610
海外及港澳学者合作研究基金	8	374
创新研究群体	1	1050
重点项目	81	21640
国家重大科研仪器研制项目	1	739.2
重大项目	(3)*	1130
重大研究计划项目	(57)*	8603
联合基金项目	55	9999
国际（地区）合作与交流项目	138	6890.2
其他	53	1667

* 相关重大项目和重大研究计划中涉及地下水领域问题的课题、面上（培育）项目、重点项目数量。

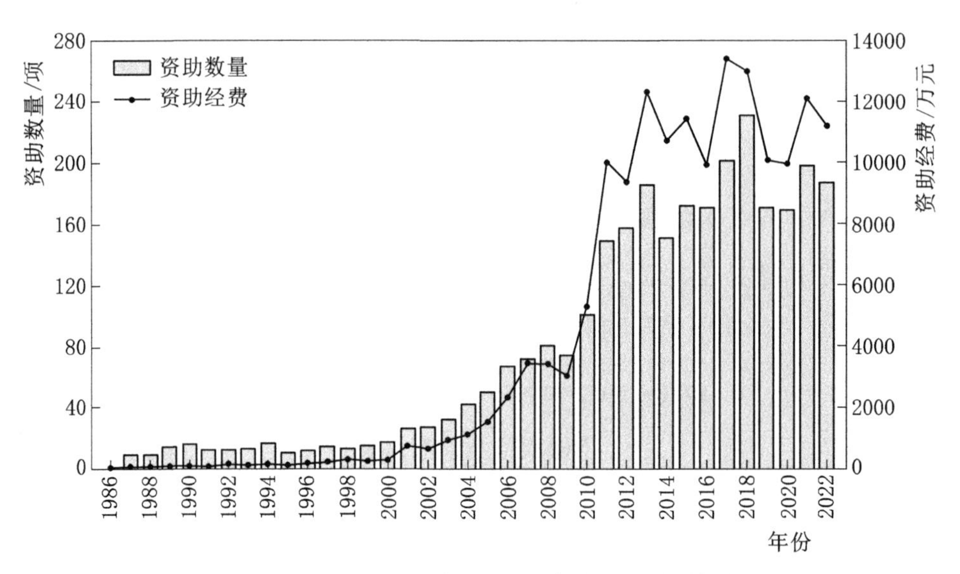

图 4.1　1986—2022 年 NSFC 资助地下水科学的项目数量和经费年度变化情况

4.2.1.1 自由探索类项目资助情况

NSFC 资助涉及地下水科学的项目在探索、人才、工具、融合四大系列[56] 资助格局都有布局，且 80%以上属于自由探索类项目。

(1) 探索系列项目资助情况。青年科学基金项目资助数增幅最明显，2013 年后超过面上项目，表现出地下水科学的青年人才队伍在不断壮大。2014—2016 年面上项目受到限项规定的影响，资助数有小幅波动。面上项目和地区基金的资助量近十年来相对稳定，略有升高。

(2) 工具系列项目资助情况。国家重大科研仪器研制项目资助了 1 项，该项目是针对煤矿水害工程问题，提出一套煤矿井下钻孔随钻瞬变电磁超前智能探测实时预警仪，在钻探过程中完成随钻超前智能探测，有效破解传统方法应用上理论与技术瓶颈。

(3) 人才系统项目资助情况。国家杰出青年科学基金项目、优秀青年科学基金项目、海外及港澳学者合作研究基金总计 43 项，包含环境水文地质、遥感水文地质、水资源管理等研究领域，涉及高原、盆地、海岸带等不同的研究区域。创新研究群体项目只有 1 项，主要研究地下水系统中有害物质迁移转化机理和地下水环境修复新方法。近几年来，资助涉及地下水科学的杰青项目和优青项目主要集中在地下水污染和环境研究方向。以“地下水动力学”及地下水资源为研究方向的人才项目（含青年科学基金）在近年来呈现下降态势，值得关注。

4.2.1.2 指南引导类项目资助情况

指南引导类项目主要包括联合基金、重大项目、重大研究计划，国际（地区）合作与交流项目以及专项项目。

(1) 联合基金项目资助情况。1986—2022 年，NSFC 资助的涉及地下水科学的联合基金项目[57] 共 55 项，其中 67.27%为重点支持项目，包含新疆、云南、河南等区域创新发展联合基金，核技术、长江水科学、地质联合等行业联合基金项目，其中 NSFC -新疆联合基金资助的涉及地下水科学的项目最多，有效解决了新疆这一我国内陆腹地的生态脆弱区和气候变化敏感区的地下水问题，探讨了浅层地下水的形成、分布和变化过程，以及干旱区水、土、盐、热等物质能量迁移转化问题，为新疆农业生产、水资源利用、水环境恢复和生态宜居提供了智力支持。

(2) 重大研究计划资助情况。涉及地下水科学的重大研究计划有 7 项："中国西部环境和生态科学""黑河流域生态-水文过程集成研究""西部能源利用及其环境保护的若干关键问题""全球变化与区域响应""西南河流源区径流变化和适应性利用""先进核裂变能的燃料增殖与嬗变""水圈微生物驱动地球元素循环的机制"。

(3) 重大项目资助情况。针对地下水科学的重大项目仍未获得资助，相关重大项目中涉及地下水的课题只有 3 个。我国目前地下水开发利用强度大、地下水保护形势严峻，为积极践行可持续发展理念，急需面向国家重大需求布局地下水科学的重大项目。结合大数据、云计算、人工智能等先进信息技术，解决地表水和地下水资源联合调控、重大工程建设和生态环境治理的涉水科技难题，是未来地下水科学研究的主攻方向之一。

4.2.2　国际合作概况

世界各国高度重视地下水科学的发展，2015 年提出的《地下水治理 2030 年愿景与全球行动框架》为各国政府和组织采取全球行动提供指引，确保全球层面地下水的可持续利用。美国国家科学基金会在地学部成立了与地质科学同等级的水文科学项目管理组，成为资助地下水及地表水基础研究的主要部门。欧盟以《欧洲水法》

《欧盟水框架指令》为基础，建立了水资源管理框架，确立“实现良好的水状态”的主要目标。中国政府高度重视地下水的利用和保护，2021年发布《地下水管理条例》[58]，从调查与规划、节约与保护、超采治理、污染防治、监督管理等方面作出规定。

NSFC在国际合作方面，多年来形成了以合作交流为基础、实质性合作研究为主导，自由申请（重点国际合作研究项目）与组织间协议申请（组织间合作研究项目）项目补充的项目资助格局[59]。我国地下水领域科学研究与国际上其他国家和地区的合作比较密切。NSFC资助的国际（地区）合作与交流项目中涉及地下水领域有138项，经费达6890.2万元，资助情况具体见表4.2，包含出国（境）参加双（多）边会议、重点国际（地区）合作研究项目、合作交流、组织间合作研究、在华召开国际（地区）学术会议及外国学者研究基金。

表4.2　1986—2022年NSFC资助的地下水科学国际（地区）合作与交流项目情况

项目类别	资助项目数	经费/万元
出国（境）参加双（多）边会议	17	34.6
重点国际（地区）合作研究项目	3	818
合作交流	60	573.3
组织间合作研究	24	5075.8
在华召开国际（地区）学术会议	31	168.5
外国学者研究基金	3	220

在华召开国际（地区）学术会议项目是通过资助在华召开国际会议以及出国参加会议等形式，开展人员学术交流，创造科技合作机遇，密切国际学术联系，加强地下水资源及地下水环境领域的前沿研究，探索地下水科学的新问题和新方向，解决国民经济发展的

重大问题，提高我国地下水科学的研究水平，提升我国的科学影响力。

组织间合作研究项目的项目类别包括 NSFC - NSF（中美）、NSFC - DFG（中德）、NSFC - RSF（中俄）等 17 个科研资助机构或国际组织联合资助项目[59]。对关键词词频统计分析发现：气候变化、地下水、水文过程、蒸散发、地表水-地下水转化、水文模型、土地利用，以上 7 个关键词出现的词频最多。其中，国际合作研究最为密切的是全球尺度下“气候-地下水”响应关系这一方向。地球关键带（即自地下水底部未风化基岩面至植被冠层）的岩石、土壤、水、大气以及生物之间相互作用，对气候变化十分敏感。在全球增暖和人类活动不断加强的背景下，气候变化引起的极端水文事件（如洪水或者干旱），降水、蒸散发、径流等水文气象要素发生变化，致使全球水文循环进一步加强，地下水与地表水交换及其对气候变化的响应、水环境和水生态系统受到了越来越多的关注。通过不同国家相互借鉴成果和共享数据，利用长时间序列的水文与气象观测数据，开展不同气候条件与地理景观下的河川与地下径流变化及归因分析，模拟分析不同气候区的河川与地下径流变化。此外，长期以来农业生产导致的地下水失衡和污染的问题一直是国际共性问题。地下水砷污染研究以及农业施肥对地下水、土壤及河流水的氮污染研究等地下水安全问题都是国内外科学家联合研究的重点。相关合作研究项目 NSFC - RSF、NSFC - NRCT、NSFC - NSF、NSFC - NCN 都有联合资助。

4.2.3　资助项目的学部分布

地下水科学的主要研究对象是地下水，而地下水兼有地质营力和资源的属性，利用多学科交叉方法和手段，开展跨学科研究是地下水科学研究的突出特点，该领域的研究内容涉及多个学部的学科。图 4.2 展示了 1986—2022 年 NSFC 资助地下水科学的项目学部分布情况，主要集中在地球科学部、工程与材料科学部、化学科学部三个学部，生命科学部、数学物理科学部、信息科学部和管理科学部也有少量资助。

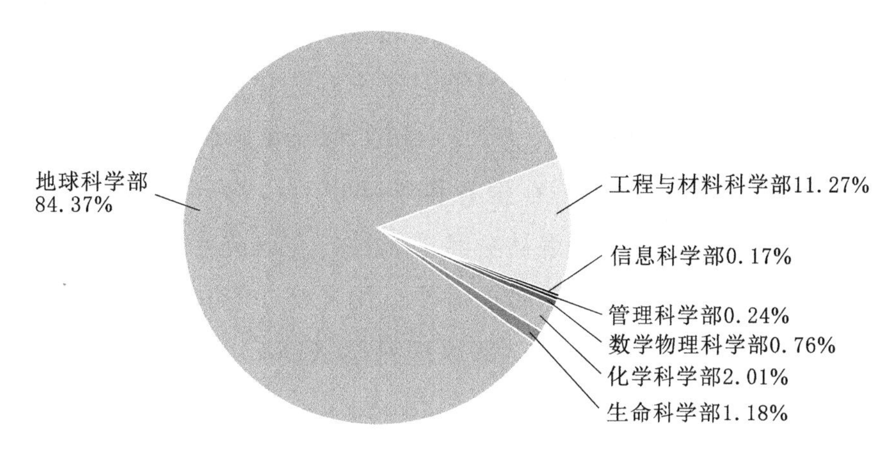

图 4.2 NSFC 资助地下水科学的项目学部分布情况

地下水是一个复杂的系统，地下水的物理性质与化学成分、地下水与工程、环境的相互作用、地下水资源管理及其可持续利用以及新技术与新方法等都是地下水科学研究的重点。地下水科学研究与地质学、地球化学、地表水文学、土地利用、土壤学、大气科学、生物学、生态学、全球变化、数学、信息学以及社会学等学科联系紧密。如和信息学结合进行数据的发布、存储、分析和可视化研究，建立大规模的野外观测网开展多种时间-空间尺度的水动力与水质变化过程的监测和预测。

表 4.3 展示了 1986—2022 年 NSFC 资助地下水科学的项目学科分布情况。除了地质学、地理科学、环境地球科学、水利工程、环境工程、地球化学、环境化学 7 个主体学科以外，数学、物理、化学、生态学、大气科学等其他学科也有资助。

在研究地下水的区域水量均衡、资源保证率以及地下水径流特征时，需要运用水文学的基本理论，此类项目主要集中在地球科学部（D02）和工程与材料科学部水利工程学科（E09）申请和资助。在研究地下水的赋存特征和水量、水质、水温形成分布规律时，需要运用地质学的基础理论与方法，主要集中在地球科学部地质学学科（D02）申请和资助。另外，地下水是环境要素、环境变化信息的一种重要载体，在研究全球变化、环境污染、土地利用问题时，需要借助于水文气候学、环境科学的理论方法和信息技术，此类项目主要在地球科学部环境学（D07）和工程与材料科学部环境工程学科（E10）申请和资助，在信息科学部也有少部分资助。地下水具有自然资产和商品的双重社会经济属性，在研究水资源政策、水资源经济、区域规划等问题时，需要运用经济、管理、法学等领域的知识，此类项目在地球科学部地理科学（D01）和管理科学学部申请和资助。

表 4.3　1986—2022 年 NSFC 资助地下水科学的项目学科分布情况

学　科	学科代码	资助数量/项
地质学	D02	1179
地理科学	D01	535
环境地球科学	D07	494
水利工程	E09	119
环境工程	E10	117
地球化学	D03	59
环境化学	B06	52
矿业与冶金工程	E04	29
地球物理学和空间物理学	D04	28
建筑与土木工程	E08	28
海洋科学	D06	26

续表

学　科	学科代码	资助数量/项
大气科学	D05	13
生态学	C03	12
核技术及其应用	A30	11
林学与草学	C16	7
计算数学	A05	6
农学基础与作物学	C13	5
海洋工程	E11	5
经济科学	G03	4
宏观管理与政策	G04	3
分析学	A02	2
化学工程与工业化学	B08	2
园艺学与植物营养学	C15	2
工程热物理与能源利用	E06	2
电子学与信息系统	F01	2
自动化	F03	2
环境力学	A13	1
化学测量学	B04	1
微生物学	C01	1
植物学	C02	1
畜牧学	C17	1
金属材料	E01	1
有机高分子材料	E03	1
人工智能	F06	1

4.2.4　不同学科的研究热点

地下水科学的研究以地下水系统作为核心，研究主题和热点顺应不同学科的发展总体态势，从而呈现出不同的特点。从表 4.3 中可以看出，地质学、地理科学、环境地球科学 3 个学科资助涉及地下水科学的项目数量和经费最多，占 NSFC 资助地下水科学的项目总数量的 92.85%，资助经费占总经费的 93.93%（以上数据不含国际合作与交流项目）。以下从学科资助项目关键词的词频和词云图来分析资助项目和经费最多的三个学科的研究热点，详见图 4.3。

（a）水文地质学学科D0213　　（b）水文学和气候学学科D0102

地下水　地下水污染　地下水修复　迁移转化　水文过程

（c）环境水科学学科D0702

图 4.3　三个学科地下水科学研究的研究热点

4.2.4.1　水文地质学科

2022 年，NSFC 地球科学部在地质学（D02）内设置了 18 个二级学科，涉及地下水科学的研究主要集中在水文地质学科

(D0213)。水文地质学研究与岩石圈、水圈、大气圈、生物圈以及人类活动相互作用下地下水水量和水质的时空变化规律，以及如何运用这些规律去兴利避害，合理地利用地下水，防止和治理污染。从图 4.3（a）中可以看出，该学科资助的项目中数值模拟、同位素、包气带、水文地球化学、地下水污染、水岩相互作用、二氧化碳封存、地下水流系统等关键词出现的频率最高。地下水数值模拟和水文地球化学分析是地下水科学研究中常用的方法。地下水数值模拟是采用数学和物理模型定量研究地下水系统及其行为，模拟地下水流及溶质在不同时空尺度上运移过程。水文地球化学也是地下水研究的一项重要研究理论、技术和方法。同位素水文学从水的分子结构层次（物理学方法）和原子结构层次（化学方法）深入到原子核结构层次，基于分馏和衰变两个属性来示踪水的运动（循环）路径和速度，使水文地质学的研究能够从大气降水-地表水-地下水的统一系统出发，定量研究它们之间的转化关系和机理。Zheng 等[60] 和 Wu 等[61] 学者应用数值模拟手段，研究地下水流量、流速及地下水中溶质分布和运移规律。李海龙等[62] 和 Han 等[63] 学者结合水化学、同位素示踪技术等水文地球化学的方法研究地下水污染来源以及海水入侵的过程。王广才等[64] 和庞忠和等[65] 学者利用环境同位素研究地下水补给来源、地下水年龄、地热水热储温度以及水-岩相互作用对地下水化学性质的影响。Xu 等[66]、Qian 等[67] 和于青春等[68] 学者开发水岩相互作用软件模拟裂隙岩体中溶质运移过程，并应用于地热资源开发、废物地质处置和 CO_2 封存等相关领域。该学科资助的地下水科学研究多结合区域地质、地质构造、地质作用等基础地质学知识探究地下水的补给、赋存、运动及水岩相互作用，查明可供利用的水资源，揭示地下水形成演化与地质过程、气候变化、人类活动的关系，保护地下水环境，预防（警）和减轻地下水相关的地质灾害。

4.2.4.2　水文学和气候学学科

2022 年，NSFC 地球科学部在地理学（D01）内设置了 17 个二级学科。其中，水文学和气候学学科（D0102）包含两个相对独立的学科：水文学与气候学。水文学研究地球大气层、地表及地壳内水的分布、运动和变化规律，以及水与环境相互作用[69]。图 4.3（b）是该学科资助的涉及地下水科学研究项目的词云图，可以看出，水文过程、水文循环、土壤水分、水文模型、气候变化、同位素水文学、蒸散发、水量平衡、生态水文等关键词出现的频率最高。水文学贯穿于全球水循环系统涉及方方面面，包括陆地、降水、降雪、降雨、蒸发、森林生物、冻土、湖泊、土壤、地表水、地下水、农田灌溉等。地下径流是水文循环的一个环节，地下水资源是水资源的重要组成部分。该学科资助的地下水科学项目研究热点之一是水文过程和水文循环中地下水参与的过程，研究灌溉、生活和工业用水、水库调节以及地下水利用等典型人类用水活动影响陆地水循环的过程与机制。随着全球气候变化和高强度人类活动，水与生态安全问题面临越来越严峻的挑战。从不同尺度（全球、区域、流域）探索和揭示形成生态格局和过程的水文学机理研究也是研究热点之一。Xia[70] 和 Tang 等[71] 学者从单元、流域到跨流域、区域，从地表水到地下水、大气-陆面过程，研究不同时间和空间尺度上全球气候变化以及人类活动对陆地水循环的影响。李小雁等[72] 和王根绪等[73] 学者研究不同生态环境下水、植被与气候相互作用的内在机制，揭示流域尺度上“大气降水-地表水-地下水”之间的水量转化关系。该学科资助的地下水科学研究一般选择交叉融合其他学科的理论方法，研究方法逐渐走向地理学“整体论”角度的综合化和定量化，研究地下水在岩石、土壤、地表水、植被与大气之间物质迁移和能量交换时的作用及内在耦合关系，气候变化对水文循环以及水质演化过程的影响，以缓解人口、资源与环境间的矛盾。

4.2.4.3 环境水科学学科

2022 年，NSFC 地球科学部在环境地球科学（D07）内设置了 17 个二级学科，其中环境水科学学科（D0702）资助涉及地下水科学的项目最多。环境水科学研究与陆地水循环紧密耦合的生态环境过程，运用表层地球系统科学的理论与方法探索自然条件和人类活动影响下地球水圈（地表水与地下水）物理、化学、生物特性的变化规律和驱动机制，为水资源系统保护和可持续利用提供科学基础。其主要研究方向有地表水环境、地下水环境和环境水循环等[74]。从图 4.3（c）中可以看出，地下水污染、地下水修复、迁移转化、地表水-地下水相互作用、土壤水分、纳米零价铁、地下水环境、氯代烃、氮素迁移转化、高砷地下水等关键词出现的频率最高。地下水中硝酸盐氮污染、重金属污染、有机物污染等水污染多样化、复杂化，地下水污染的检测技术、评估方法和防控技术等，污染物的环境行为、迁移转化以及采用各种化学、生物技术和方法进行地下水污染修复等，都是该学科资助项目的研究热点。郭华明等[75] 和 Zheng 等[76] 学者研究了天然高砷、高氟、高碘等原生劣质地下水的分布以及形成机理，揭示了地下水系统中元素迁移转化的生物地球化学过程。Pu 等[77] 和 Hou 等[78] 学者研究了土壤与地下水污染问题，耦合物理-化学-生物过程，创新了工业园区土壤-地下水污染修复技术。Wang 等[79] 和 Yuan 等[80] 学者开展了气候变化和人类活动影响下地下水质演化过程和关键物质循环的研究，提出地下水质和健康风险研究的理论方法体系。

NSFC 对地下水科学资助项目的数量和类型均呈快速增长态势；地下水科学与其他学科的交叉融合越来越频繁、紧密，涉及多个学部和学科，申报与资助均呈现“多点开花”态势；地下水科学作为地球科学的分支学科，面临新的机遇和挑战，许多重大科学问题亟待解决，需进一步提高重大项目支持力度；地下水科学研究具备与更多相关领域交叉渗透的潜力，如海洋学、化学、气象学和大气科学等，国家自然科学基金委可为地下水科学与其他学科交叉提供培育平台。

4.3 研究生参与 NSFC 项目研究情况

研究生是科研创新活动的生力军，也是国家未来科技领军人才的储备库。面对新时代新要求，各行各业对高层次创新人才的需求更加迫切，研究生教育的地位和作用更加凸显。NSFC 通过吸纳研究生参与导师的 NSFC 项目，锻炼和培养研究生的实践能力和创新能力。研究生也一直是从事 NSFC 研究的主力军之一，研究生完成 NSFC 项目的平均工作量占项目总工作量的 54.7%[81]。NSFC 项目从题目到内容都紧扣科学技术发展的前沿和社会发展中亟待解决的问题。项目强调的是创新，为研究生的创新实践提供了机会，有利于培养研究生的创新思维和创新实践能力，有利于引导优秀学生进入以基础研究为主的国家需要领域和科技创新关键领域，充分发挥研究生科技创新生力军的作用，同时为这些领域培养和储备充足的高端人才，有效地保证研究生的培养质量[82]。作者以中国地质大学（北京）研究生为例，从研究生的学位论文、科研成果、科研活动和成果质量四个角度，分析研究生参与 NSFC 项目研究情况。

4.3.1 学位论文

研究生学位论文是研究生教育业务质量、学术水平的集中体现，是研究生培养工作水平的重要标志。研究生基本上是以完成学位论文为主线开展科学研究，并将科研能力的培养贯穿其中。

作者统计分析了中国地质大学（北京）2012—2019 年研究生学

位信息数据，发现超过80%以上的研究生学位论文选题来源是NSFC，表明80%以上的研究生在校期间参与了NSFC项目的工作。进一步分析2012—2019年校级优秀学位论文发现，以NSFC项目为选题来源的学位论文产出较高。有80.22%的优秀博士学位论文以NSFC项目为背景，60.43%的优秀硕士学位论文以NSFC项目为背景。参加NSFC项目研究工作的研究生总人数持续增加。2012—2019年增长了6.12倍，平均年增长14.37%。研究生通过参加NSFC项目，可以了解最新国内外研究现状和行业发展需要，通过查阅大量中英文文献，独立承担部分研究内容，参与科学实验，撰写论文，科研能力得到了培养和锻炼。

4.3.2 科研成果

科研成果的产出是衡量一个国家科技实力的重要指标之一[83-86]，发表学术论文是研究生进行科学研究活动的重要环节。作者统计了中国地质大学（北京）2012—2019年研究生在学期间发表SCI论文情况（图4.4）。从图4.4中可以看出，总体上研究生在校期间发表的SCI论文数量增长较快。研究生发表论文数占全校发表论文总数的比例从42.38%增长到59.62%，可见研究生是高校科研创新的一支生力军。博士研究生招生规模基本持平，博士研究生为第一作者发表SCI论文数呈现高速增长态势，总数增长了4.5倍，年均增长27.68%，年人均发表SCI论文数从0.29增长到1.59，年人均发表SCI论文数增长了4.5倍；学术学位硕士生为第一作者发表SCI论文总数增长了6倍，年均增长33.02%，年人均发表SCI论文数从0.02增长到0.14，年人均发表SCI论文数增长了6倍；专业学位硕士生为第一作者发表SCI论文总数增长了16倍，年均增长49.53%，年人均发表SCI论文数从0.01增长到0.11，年人均发表SCI论文数增长了10倍。由图4.4得出，近10年来，专业学位

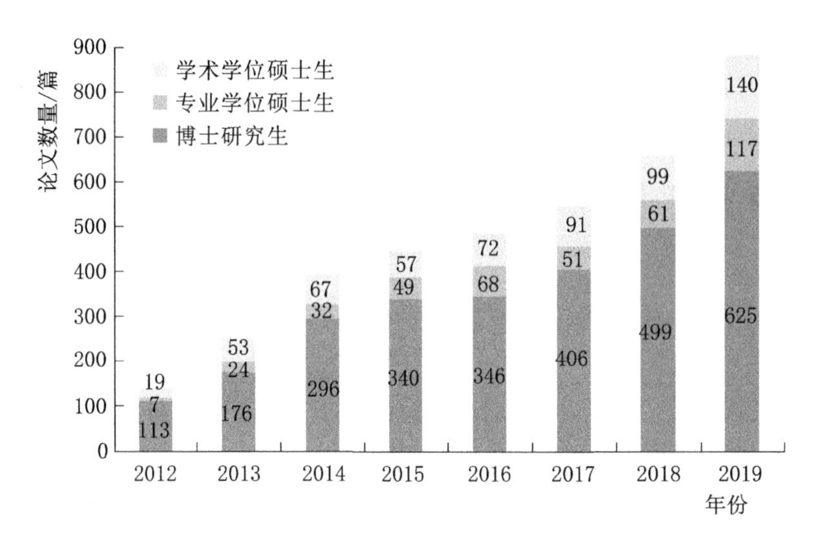

图 4.4　中国地质大学（北京）2012—2019 年研究生发表 SCI 论文情况

硕士生发表 SCI 论文总数和年人均发表数都是增长最迅速，整体培养质量提高显著，学生创新能力改善明显。

4.3.3　科研活动

研究生在校期间的科研活动包括通过各种形式参与的科研项目和学术活动，最终以研究生学位论文和发表学术论文的形式展示出来。根据以上的统计，中国地质大学（北京）2012－2019 年，80％以上的研究生在校期间参与了 NSFC 项目的工作。作者进一步对中国地质大学（北京）2012—2019 年期间，以研究生为第一作者发表的 SCI 学术论文标注的基金号开展调查分析。

中国地质大学（北京）2012—2019 年期间，以研究生为第一作者发表的 SCI 论文近 4000 篇，论文标注的基金主要为国家“973”“863”等科技部重大项目基金，国家自然科学基金和地质调查项目基金等，如图 4.5 所示。图中获得国家自然科学基金资助（即标注 NSFC）比例最高。博士研究生为第一作者发表的 SCI 论文中

63.69%标注了NSFC，其中第一标注为NSFC的有45%，国家重大专项支持的有22%。学术学位硕士生为第一作者发表的SCI论文中67.18%标注了NSFC，其中第一标注为NSFC的有52%，国家重大专项支持的有16%。专业学位硕士生为第一作者发表的SCI论文中86.57%标注了NSFC，其中第一标注为NSFC的有61%，国家重大专项支持的有11%。以上可以得出，NSFC对研究生的创新科研活动资助的范围最广，专业学位硕士生为第一作者发表的SCI论文中获得NSFC资助的比例相对于博士研究生和学术学位硕士生更高，相对于博士研究生和学术学位硕士生，NSFC助推专业学位硕士生培养范式的建立更显著。

4.3.4 成果质量

影响因子是SCI对科学期刊进行统计、评估的一个指标，它决定了各期刊在期刊引证报告（Journal Citation Reports，JCR）中的排序和级次[87-89]。影响因子现已成为国际上通用的期刊评价指标，它不仅是一种测度期刊有用性和显示度的指标，而且也是测度期刊的学术水平，乃至论文质量的重要指标。对学术论文进行评价历来就受到各科研单位的高度重视，利用影响因子来评价一些科研机构的科研水平及预测科学发展态势的科学性、客观性被国际上认可[90-91]。作者统计了中国地质大学（北京）2012—2019年以研究生为第一作者发表的SCI学术论文的影响因子情况，计算了第一标注为NSFC的论文平均影响因子和其他基金标注的论文平均影响因子（图4.6）。可见，2012—2009年，研究生发表的SCI学术论文中，标注NSFC资助的论文平均影响因子均高于其他基金标注的论文平均影响因子，由2012年的1.77增加到2019年的3.26，说明获NFSC支持的学术论文国际认可度和成果质量在稳步提升。另外，根据汤森路透每年出版JCR各学科分类中，研究生发表的SCI论文

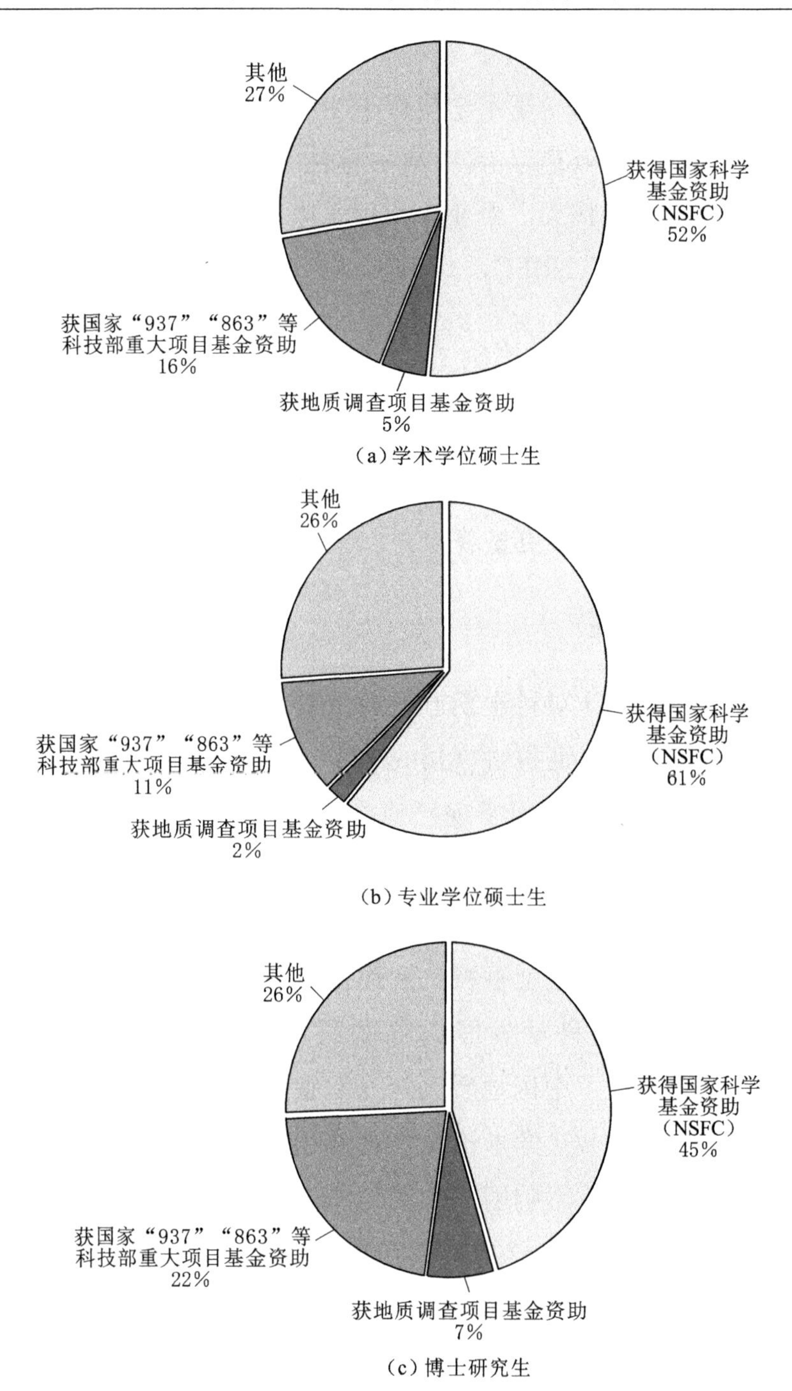

图 4.5　中国地质大学（北京）2012—2019 年
研究生发表 SCI 论文获资助情况分析

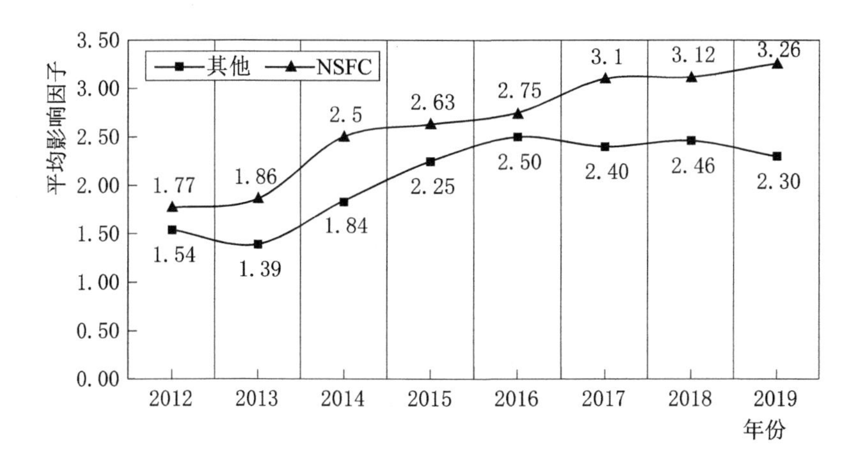

图 4.6 中国地质大学（北京）2012—2019 年研究生发表 SCI 论文平均影响因子

影响因子在前 25%（含 25%）的占 38.6%。以上结论可以得出，研究生参与科研创新发表的科研成果中，获 NSFC 资助最多，NSFC 相比于其他基金资助形式更有利于研究生进行科研创新。

4.4 NSFC 助推研究生培养范式的建立

NSFC 对研究生的培养主要通过吸纳研究生参与 NSFC 项目研究来发挥间接的作用，将其对青年人才资助的重点前移至研究生阶段，有效地促进了我国研究生教育的发展，尤其是专业学位研究生的培养，满足我国对高层次创新人才的迫切需求，为国家行业产业转型升级和创新发展提供强有力的人才支撑。

第一，促进了研究生创新能力的提高。从中国地质大学（北京）2012—2019 年研究生学位论文、科研成果、科研活动和成果质量的统计数据来看，80%以上的研究生在校期间参与了 NSFC 项目的研究工作，以研究生为第一作者发表的学术论文数量逐年增加，质量逐年提高。NSFC 相比于其他基金资助形式，对研究生科研活动资助的范围更广，对科研成果的国际认可度更高，更有利于研究生进行科研创新，更有助于培养“学术创新”和“应用实践”的高层次人才。

第二，推动了学科和学位点建设与发展。NSFC 是适应基础研究资助管理的阶段性发展需求，统筹基础研究的关键要素，逐步构建探索、人才、工具、融合四位一体的资助格局。通过各种不同类型的资助布局，促进了学科的优化、重组，提高了核心竞争力，改善了教学、科研条件，增强了学科自身发展。新的学位点基于基金项目的研究成果逐步形成新的学科方向。大批新的学科生长点，通过得到 NSFC 的资助和孵育，逐渐形成了一批新的博士和硕士学位点。

第三，探索了专业学位博士生培养的教育布局。专业学位研究生教育面临的进一步挑战将是 8 个专业学位类别，每个大领域专业学位博士生的培养和知识体系的建立，都需要大量交叉学科的科学家。NSFC 2020 年 11 月成立了交叉学部，以重大基础科学问题为导向，以交叉科学研究为特征，统筹和部署面向国家重大战略需求和新兴科学前沿交叉领域研究，促进复杂科学技术问题的多学科协同攻关，推动了形成大领域专业学位博士生学科的建设，探索了专业学位博士生培养的教育布局，培养具有交叉科学研究范式的专业学位博士生科学人才。

综上所述，通过统计分析中国地质大学（北京）2012—2019 年研究生整体科研水平，从研究生的学位论文、科研成果、科研活动和成果质量四个角度，从期刊影响因子和期刊 JCR 分区两个维度进行比较，探讨 NSFC 在研究生培养中的重要地位和积极作用。通过 NSFC 的资助产生了一批高水平的科研成果，有利推动了我国研究生培养的改革，引领了研究生培养范式的建立，形成了我国高层次创新人才的发展格局。

第5章　地下水科学研究生教育的机遇与挑战

地下水是水资源的重要组成部分，是生态系统的有机组成部分，也是整个地球物质不可分割的组成部分，合理开发利用地下水资源对我国经济社会发展和生态环境保护具有至关重要的作用。

近10年来重大工程建设等大规模高强度人类活动引发了更多更复杂的地下水问题。例如：我国华北平原等区域地下水超采问题与强烈气候变化叠加，城市缺水和内涝共同凸显；西北内陆干旱区地下水开发利用强度持续增加，生态需水保障存在很大不确定性，局部次生盐渍化问题突出；南水北调等跨流域调水工程的实施、全国水网工程的规划建设，均会引起区域、流域地下水系统发生改变等问题。上述重大变化衍生出的一系列涉及地下水水量、水质的“社会-生态-地下水”系统科学问题，均亟待研究解决，其复杂性对地下水科学是重大挑战。

为了使地下水科学满足新时期国家需求的科技支撑功能，NSFC通过发挥地下水与其他学科交叉互动的培育平台作用，依靠多渠道多样化的项目资助，促进了新时期地下水科学的发展。从第4.2节可以看出，NSFC对地下水科学的资助力度呈现增长趋势，地下水本身的多学科交叉属性使地下水科学研究的资助范围逐渐走向多个学部，资助方式和项目种类均呈上升趋势。如海洋学、化学、气象学和大气科学等既有研究地下水的需求，又可以为地下水的研究提供新思路和新方法。这种多学科深度融合的潜力，也为我国地下水科学赶超发达国家、局部实现“弯道超车”创造了机遇。

在当前世界科学技术迅猛发展的时期，绿色低碳和高质量发展给地下水学科提出了更高的要求，也给地下水科学研究生教育带来了新的机遇与挑战。本章通过分析地下水学科的发展和生态文明建设需求，探讨地下水科学研究生教育带来的机遇与挑战。

5.1　学科发展趋势

NSFC 资助的地下水科学研究项目在地球化学、地球物理等学科都有分布，这些都推动了地下水科学研究理论、研究方法和工具的发展和突破，促进了地下水科学研究呈现多学科交叉、多圈层相互作用、多时空尺度的发展趋势。NSFC 发挥了对中国基础科学研究的战略引导能力，可有效打破领域间壁垒阻隔，通过跨学科、领域与部门的通力合作促进大跨度交叉研究和渗透融合，推动地下水科学的创新型研究和新兴学科理论（学科增长点）发展。

5.1.1　学科交叉融合，协同攻关

随着科技与人类社会的发展，科学家将地球内部、表层过程及近地空间相结合，由此诞生了“地球系统科学”。从“上天入地下海观地球到三深一系统”到认知“宜居地球过去、现在与未来”逐步成为地球科学的主旋律[92]。地球是复杂的巨系统，学科交叉、协同攻关是应对地球科学共性问题的根本途径。以大数据、人工智能为代表的数字革命正在推动科学研究范式的转变。地学数据科学就是由地球科学、计算机科学、数学相融合而生成的现代学科。地球大数据是一个强大的工具，可有效支撑地下水科学研究中新的理论体系和技术方法平台。新兴技术，如云计算、复杂网络、机器学习和人工智能，使不可见的地下水变得可见。利用卫星遥感、原位观

测和模型等地球大数据，结合地理信息数据（地理空间数据）、地层岩性资料数据、地质构造数据和矿产资源数据，开展地下水资源评价、地下水资源分布特征与演化规律研究、地下水可持续性的监测和评估。地球系统模式云计算平台与遥感大数据的深度结合为监测、识别区域地下水系统的复杂演化提供了新方法。基于共享云平台上遥感大数据、分析工具（如人工智能算法）等公共资源，耦合监测网小数据集，利用时空分析、数据挖掘等技术，为多尺度地下水循环时空模式识别与归因研究提供了可行性。物理机制驱动的地下水数值模型与大数据驱动的人工智能模型的耦合，能够监测、评估区域地下水储量时空变化，提高地球系统模式的水循环量化监测、评估与预测能力。深层地下水信息记录了地球演化过程中的物质交换和动力学过程，集成耦合地球大数据和地下水数据来研究地球运行规律和宜居性是地下水科学研究的重要方向。

5.1.2 多圈层、多尺度、多技术的系统化研究

地球系统是由相互作用的大气圈、水圈（含冰冻圈）、陆圈（岩石圈、地幔、地核）和生物圈（含土壤圈）组成的有机整体。地球各圈层之间的相互联系是地球系统科学的重要内容。地下水作为水圈的一部分，维系着陆地生态环境和生命系统。地下水科学研究正在“三个区域、三个深度、三种尺度”上纵深发展：即由盆地区逐渐向海岸和山地区拓展；由饱水带逐渐向包气带和地壳及更深部拓展、由水文循环逐渐向物质和能量的生物地球化学循环与地质循环方向发展；由含水层逐渐向弱透水层以及纳米尺度的空隙方向发展。同位素、微生物和数值模拟等技术，越来越成为重要的研究手段，描述地下水运动和溶质迁移的经典理论达西定律和费克定律受到了非达西、非费克现象的挑战。越来越多的项目从全球生物地球化学循环的角度研究各种元素及化合物在

生物圈、水圈、大气圈、岩石土壤圈之间的迁移和转化，重点包括：刻画关键带（特别是地表水-地下水交互带）界面结构，识别交互界面动态变化影响下的关键水文-生物地球化学过程，表征传统污染物-新污染物在各交互带的界面过程；揭示各污染物相互作用及迁移转化机理，评估并预测地表水-地下水相互作用下污染物的环境健康风险；探究地下水中的生物地球化学循环过程及机理，深部地质过程和浅部地质过程共同影响下地下水系统中碳-氮-硫-磷循环特征，明晰深部地质过程和浅部地质过程共同驱动下关键循环路径的演化特征和控制因素；探究地下水中典型氧化还原敏感组分迁移转化过程、富集机理和健康效应。

5.1.3　服务国家需求，应对全球气候变化挑战

在全球气候变化的背景下，碳达峰、碳中和是当前各国政府和科技工作者们从政府行为到科学探索全方位尝试攻克的难题和目标。中国将“双碳”目标确立为顶层战略布局，面向国家重大战略需求与全球挑战是 NSFC 基础研究的重要体现。随着“双碳”战略的深入推进，地下水系统的“碳汇”机制及贡献是目前急需加强的研究领域。岩石风化（尤其是化学风化）是调节大气中二氧化碳的一个自然过程，是碳循环过程中一个重要的环节，对地下水水化学组分来源具有重要控制作用。过去 30 年，地表水研究领域借助 Sr、Ca 等非传统同位素开展了大量关于碳酸盐和硅酸盐风化比例的研究，认为大部分河流的碳酸盐风化占优。地下水领域的类似研究还很少，联合使用多种同位素示踪并定量评估不同类型盆地地下水的化学风化（水岩相互作用）过程，揭示化学风化过程对“碳汇”的贡献，是值得优先资助的研究领域。地下水领域的科学家应关注新时代国家重大需求，以需求为牵引发现新问题，产生新思想，构建新理论，创新方法体系，服务“双碳”目标。

5.2 地下水学科发展与研究生教育

学科是根据一定的历史任务及知识自身的特点而拥有一套相对独立的知识体系，随着国家和社会的需求方向而发展，以科技创新、人才培养和引领文化为首要任务，具有动态性、前沿性，与高深的科学研究、高水平的研究生教育相辅相成。学科发展直接影响研究生教育，研究生教育对学科建设起到最直接的反哺作用。本科生教育是基础，通过课程学习和实践训练，初步具备从事专业领域技术工作的能力。研究生教育是高层次的高等教育，核心是通过系统、专门而精深的科学研究创造知识，更注重生产实践和创新意识，与学科的发展和建设密不可分。研究生教育促进了学科研究水平，拓宽了学科研究方向。研究生教育密切结合世界科技发展的前沿，促成了创造性的科学思维，是学科整体水平发展的源动力。通过系统、丰富、高质量的研究生教育，培养高层次创新人才，反过来促进了学科的建设。导师通过指导研究生，培养特定学科方向的新生代人才，发展稳定而有特色的学科方向。学科方向是研究生教育的基础，是提高大学学科水平的必由之路[93]。科学研究是研究生教育的逻辑起点，导师指导研究生深度参与科研，让研究生接触学科研究的最前沿，锻炼研究生的创新和实践能力，促进知识学习与科学研究、能力培养的有机结合。研究生是学科建设的活力源泉，离开了研究生的参与，学科的发展就不能始终保持旺盛的生命力，在充实学科科研力量、催生学科创新成果方面发挥着重要作用。

以中国地质大学（北京）为例，地下水学科发展依托地下水文学的特色，紧密结合与人类生存-发展密切相关的水、环境和生态问题，不断与地表水文学、工程水文学、水环境和生态水文学等领域进行交叉融合，将地下水科学的理论与地质资源、环境等相关的技术创新和实践应用结合起来，在地下水开发、利用、管理和评价、地质灾害及其赋存地质环境、水-岩相互作用等方面的研究具有鲜明的专业特色和优势。地下水学科组建以导师为主、研究生参与的学科团队，围绕社会发展中的重大问题，实施教学团队与科研团队一体化建设，使一流学科队伍也成为培养一流人才的队伍。通过统筹和部署面向国家重大战略需求和新兴科学前沿交叉领域研究，促进了复杂科学技术问题的多学科协同攻关，形成了学科新的研究方向，推动了地下水学科的建设和发展。地下水学科紧密结合领域前沿科学问题和我国社会经济发展面临的重大工程问题开展科学研究工作，解决了一系列重大的科学和技术难题。

在水资源开发与管理方面，万力团队和邵景力团队基于70年的水文地质传统学科基础，对我国华北平原、鄂尔多斯盆地、张掖盆地、河套盆地、宁夏地区和北京地区等典型区域，以地下水资源为重点开展水资源的综合调查评价和优化管理研究。重点研究了地下水资源的形成转化和分布规律，探索地下水资源与地表水资源的整体效应和综合管理方法，发展盆地尺度地下水系统理论、基岩山区找水理论，建立区域水资源评价和管理的方法体系，探索地下水与河流的水力联系及其工程意义，通过室内试验和现场实践，研究地下水开采工程的优化设计方法，提出区域尺度深层、浅层地下水开发利用的科学规划策略。

在水力学与渗流力学方面，李海龙团队、于青春团队和周训团队以力学和渗流理论为基础，以数理分析和数值分析为手段，运用解析法和数值模拟方法，研究水循环，尤其是地下水运动过程中的力学和渗流规律，为定量描述水流在时间和空间的分布规律提供理论支撑和新技术方法。开展了滨海地区地下水与海水运移规律的研究，运用于广西北海、广东湛江等滨海地区海水入侵的评价与预测，并运用最新的地下水渗流理论和模拟方法与水利工程实际有机结合，开展裂隙介质地下水渗流与裂隙岩体变形机理、提防渗透变形等方面的研究，为国内大型地下工程地下水渗流场的预测和稳定性评价提供了科学依据。

在水污染与防治方面，王广才团队、郭华明团队、陈鸿汉团队开展地下水有机污染调查与评价，对大型城市近郊区浅层地下水土壤有机污染进行了系统的调查研究，建立有机污染数据信息系统，制定国家相关标准和法律法规，探究地下水系统中有害组分（以砷、铬、放射性核素、氮等变价元素化合物）的生物地球化学过程，揭示污染物在地下水系统中所经历的迁移、转化过程，研发土壤-地下水系统的物理、化学、生物协同的修复技术。

综上所述，随着现代科学技术的发展，地下水学科的研究已经超越单一学科的范围，呈现出多学科交叉和融合、重点突破和"整体统一"的特点。不同学科之间的交叉、渗透已成为当前社会经济发展的迫切需求和科学发展的必然趋势。而目前大部分国内高校院系通常是沿着传统学科主线组织设置的，这对地下水科学研究生教育带来了一定的挑战性。地下水科学研究生教育具有多学科性，在面对与地下水有关的现实问题时，研究往往呈现复杂、多学科性、横向延伸和多维度的特点。因此，围绕社会发展中的重大问题，实施教学团队与科研团队一体化建设是跨学科研究生教育的重要趋势。跨学科的地下水科学研究生教育是必不可少的，也是目前研究生教育面临的机遇和挑战。

5.3 地下水科学研究生教育发展的机遇

地下水作为水圈的一部分，维系着陆地生态环境和生命系统。人类活动导致的水循环变化和日趋严重的环境污染使得原本短缺的地下淡水资源更加匮乏。而人类活动影响下，地下水环境中水-岩

（土）-气-生相互作用类型、速率和强度的变化规律及其水资源-生态环境效应，就成为地球系统科学研究的关键科学问题之一。根据目前国民经济和社会发展，面向地下水资源的开发与可持续利用、地下水污染的防控、地热能的利用、地下水开发利用的环境地质问题、干旱区生态环境保护、干旱季节供水保障、温室气体的处置等战略目标，高层次地下水科学人才需求非常迫切。

5.3.1　为“山水林田湖草”生命共同体的统筹治理提供理论支撑

党的十八大以来，生态文明建设中“山水林田湖草是生命共同体”和“绿水青山就是金山银山”理念多次被提出[94]。由山川、林草、湖沼等组成的自然生态系统，是相互依存、相辅相成的，密不可分的。山水林田湖草中水是最活跃的因素，也是最关键的因素。水循环贯穿于山水林田湖草系统中的每个要素。要做到山水林田湖草的统筹治理，就必须深入研究和系统把握山水林田湖草系统中各界面、各过程和各体系中水的流动通量和循环特征，揭示水在各系统中的均衡状态、分配过程和保障能力。

地下水资源作为水循环的一个重要组成部分，是维持社会经济发展的关键要素。地下水资源质与量的形成和环境紧密相关，同时地下水埋藏分布状态的改变也将对环境产生重大影响。地下水与环境之间的相互作用、协调发展和动态平衡等机制是水资源开发利用的科学理论问题，受到水资源管理部门和学术界的广泛重视[95-97]。多位院士专家就地下水保护、调查监测、水平衡研究等建言献策，共同探讨地下水保护与利用的平衡之道。在构建新时代水资源调查监测体系、加强水平衡研究和国土空间规划、保障地下水质量和人民健康、深化岩溶地下水研究守护绿水青山、改善地质环境科学管理、明确地下水与地表水相互转化关系、防治矿山地下水灾害、应用遥感大数据、提升地下水系统演化规律研究、发展生态水文地质和生态文明建设等，从理论、方法、技术等各方面，探究地下水保护与利用的平衡之道，从而有利于山水林田湖草的协调、健康发展。

5.3.2 为《地下水管理条例》实施提供人才保障

2020年国务院首次出台了《地下水管理条例》，该条例是为加强地下水管理，防治地下水超采和污染，保障地下水质量和可持续利用，推进生态文明建设，而制定的全国性行政法规。这些都表征着国家和社会对水利事业尤其是地下水越来越关注和重视。地下水循环是水文循环的重要组成部分，地下水科学同样是水利工程学科的重要组成，地质类院校水利工程学科应以培养地下水领域的专业科研技术人才为己任，为《地下水管理条例》的实施提供支撑。

《地下水管理条例》规定了地下水调查与规划、节约与保护、超采治理、污染防治、监督管理等内容，突出强调了地下水超采、污染治理等工作，明确规定划定地下水超采区、禁止开采区、限制开采区，编制地下水超采综合治理方案，推动实施地下水超采治理工程；划定地下水污染防治重点区，严格实施地下水污染管控的措施；对超采、污染地下水行为，明确了严格的法律责任。尽管已有部分科研人员针对地下水超采区划分、评价方法、综合治理方案以及地下水超采的影响因素及影响机理等问题开展了相关研究，取得了一定的进展[98-101]，但与地下水调查、监测、规划、研究、模拟和预测等相关的工作仍大有可为。

《地下水管理条例》中所涉及的调查、监测、规划、研究、模拟和预测等，均离不开地下水领域人才的支撑和保障。因此，高校中与地下水相关的研究生教育，应该加快相关专业培养方案、课程体系、系列教材、教育教学等改革、建设和完善工作，使地下水相关的研究生教育能够适应新时期地下水科学、工程与技术领域工作的要求，为培养解决国家重大需求和促进社会经济发展的高层次人才奠定坚实的基础。

5.3.3　为生态文明建设提供技术支持

为解决“资源约束趋紧、环境污染严重、生态系统退化”等严峻的生态环境问题，生态文明建设的理念应运而生。生态文明建设的目的是节约资源与环境保护，促进人与自然和谐健康发展。地下水具有分布范围广、供给较稳定、水质较优良的特点，对生态文明建设具有多重支撑属性，主要体现在资源支撑、环境支撑和生态支撑等作用上。首先，地下水是重要的供水水源。目前地下水为全球 40%的农业灌溉和 30%的工业用水提供了水源保障，我国 655 座城市中有 400 余城市通过开采地下水作为饮用水源。其次，地下水对“绿水青山”“山水林田湖草”等生态系统也起着重要的支撑作用，涵养了山川基流和生态绿洲。地下水支撑生态系统甚至发展成为新兴的跨学科研究领域[102]。不仅如此，地下水也孕育了我国以传统水文化为核心的旅游资源，例如山东济南趵突泉、山西太原晋祠泉、甘肃敦煌月牙泉、陕西临潼华清池等历史名泉。

然而，当“隐藏的”地下水资源的质和量因人类活动而失衡时，会引发严重的生态环境风险，并进而对我国“环境友好型”社会的健康发展形成制约。首先，地下水资源过度开采造成的地下水位下降会产生一系列环境地质问题，例如，河湖萎缩消失、绿洲退化、泉水断流、地表沙漠化、地面沉降、水质恶化等，严重威胁生态文明建设的可持续发展。此外，地下水作为地表水资源的基流，地下水的污染问题不仅会导致地下水质恶化，污染物在随地下水向地表水排泄时也会污染地表水，使得水资源的污染问题“直观可见”。因此，充分认识并理解地下水在生态文明建设中的关键地位和作用十分重要。

总之，地下水是维系“山水林田湖草”和“生态文明建设”的活跃因子。生态文明建设的可持续发展离不开地下水领域人才的支持。地下水科学的研究生擅长从降水-地表水-地下水的水文循环系统的角度理解和挖掘水资源的生态属性。当发生上述因地下水质和量失衡而导致的生态环境风险时，地下水领域工作者可以从水循环系统的角度提供科学合理的解决方案，从而为生态文明建设的健康发展提供较为全面的技术支持。高校应以此为契机，在教学和科研工作中寻找地下水与生态文明建设的着力点，研发地下水资源恢复技术、地下水污染修复技术、地下水生态保护技术等是地下水支撑生态文明建设的关键和保障，充分体现地下水科学研究生在解决国家重大需求的重要支撑作用。在当前把生态文明建设纳入中国特色社会主义事业五位一体总体布局的背景下，地下水学科可为山水林田湖草生命共同体的统筹治理、《地下水管理条例》实施和生态文明建设提供理论、人才和技术等方面支持和保障，是地下水科学发展的重要机遇。

5.4 地下水科学研究生教育发展的挑战

地下水学科具有理论科学与技术科学双重特性，已经成为专门研究地表水-地下水的运动分布规律、水资源-水生态-水环境属性、水的高效可持续利用、水循环与经济、社会、环境的相互作用的一门学科。我国地下水科学研究生教育在资源、工程和环境等领域内，培养了一大批以地下水文学为特色、以工程实践为核心的高层次专业人才，分布在国土资源、水利、城建、环保、交通等部门相关领域，从事与水文地质有关的科研、教学、管理、设计和生产等方面的工作。经过一套系统地质理论基础的科学训练，并与其他地质类专业互通（比如石油工程、流体成矿等），具备系统的地球科学思维。在70年的发展历程中，全国先后培养了30000多名地下水专业领域的优秀毕业生，其中包括10位中国科学院和工程院院士（程国栋、林学钰、张宗祜、汪集旸、薛禹群、袁道先、卢耀如、李佩成、武强、王焰新）、6位国家（海外）杰出青年科学基金获得者（王焰新、吴吉春、郑春苗、胡晓农、李海龙、郭华明）等一大批杰出人才。

地下水作为水资源的重要组成部分，在维系生态环境和生命系统方面发挥着重要作用，面向地下水资源开发、利用、保护、地下水生态环境修复等方面的教学、科研和人才培养是地下水学科支撑国家重大需求、实现经济社会可持续发展的重要环节。我国地下水科学学术学位研究生教育经过多年的发展，通过健全学科体系、发展教育教学、优化人才培养、融合交叉学科等一系列举措，全面完成了研究生教育的融合升级，有效服务于国家重大需求、社会经济发展等方面的人才需求。中国地质大学（北京）是较早从事地下水科学人才培养和教学科研的高校，具有很强的地下水资源与工程方面的优势和特色，为地下水学科培养了大批人才，在地下水资源评价和合理开发利用、水文与水资源工程、水利水电工程地质、地下水污染的防控、地热能的利用、温室气体的处置等领域具有显著的人才培养和科学研究优势。

然而，地下水领域专业学位研究生教育的建设时间还很短，培养模式还不完善，缺乏健全的培养模式与体系。如何有效提高专业学位研究生的工程实践能力，保证该专业领域研究生的培养质量和内涵建设，已经成为目前专业学位研究生教育深化改革及提升的共性重点和难点问题，这同时也对满足社会多样化需求、培养输送专业高精尖人才具有重大而深远的战略意义。

地下水领域专业学位研究生教育涉及的研究领域较多、方向分散性大，难以形成整齐划一的模式。例如，中国地质大学（北京）资源与环境这个专业学位类别，包含5个研究领域，每个研究方向下分2～9个不同的研究内容，涉及多个知识领域，例如环境、能源、化工、经济等。这是地下水领域专业学位研究生教育面临最大的挑战，也是一次最好的发展机遇。为了抓住机遇，更快、更好地发展，地下水科学研究生教育应该进一步从管理机制、师资队伍、课程体系、实践平台、科研渠道等方面长期持续加强建设。作者从培养方案顶层设计入手，构建融合交叉的课程体系，加强产教融合的创新实践能力，健全学位论文管理机制和完善研究生职业规划等多个角度，结合地下水领域的专业特色，提出以下四个方面关于地下水科学研究生教育的优化方案，力求构建最适宜培养模式。

5.4.1 构建“课程群”的教学课程体系

研究生课程的设置主要结合该领域学生的培养目标，学术学位研究生和专业学位研究生的培养目标是不同的。从第2章和第3章上可以看出，学术学位研究生的培养以该学科的科学研究为前提，以学术研究为导向，侧重理论学习和研究，主要培养大学老师和科研人员；专业学位研究生的培养以该领域的职业需求为准绳，以专业实践为导向，以综合素质和应用知识技能提高为核心，侧重案例分析和实践研究，主要培养在专业和专门技术上受到正规的、高水平训练的高层次人才。两者主要课程中首先都是英语、数学等规定的必修公共课，英语、数学是研究生学习研究的基本工具。专业基础课以地下水专业的基础理论和研究方法为基础课程，选修课则主要根据研究生不同的研究方向，可以按课程群的方式将其他专业、其他领域的课程联系起来。地下水科学专业涉及知识领域广泛，包含水资源环境、水资源生态、水资源评价、水资源污染、矿产开发以及资源开采中产生的地下水安全问题和环境问题等。因此，地下水科学研究生教育中，课程体系设置以学科交叉融合为基础，既要突出高校优势学科特色，又要兼顾各方向基础技能，以课程群的方式将其融合，形成课程逻辑性强、内容循序渐进的课程体系，建立跨学院、跨学科、跨专业交叉培养的新机制。课程群里开设的课程由各个行业名来命名，突破原来学院开课的限定，由国家一些重大项目负责人来担任本行业课程负责人，根据行业里学科交叉融合的特征，组织项目团队中子课题负责人承担部分知识点讲授。例如，大气与土壤、地下水污染综合治理重点专项，涉及大气、土壤、地下水、环境治理等多学科知识点。大气与土壤、地下水污染综合治理可以作为课程群里的一门课程，邀请多年承担该类项目的首席科学家来负责组织，项目团队既有交叉科学研究范式，又有复杂科学技术问题的多学科协同攻关的经验，以重大科学问题为导向，以交叉科学研究为特征，形成新的地下水特色的课程群体系。学术学位研究生可以在实际项目研究中提高创新能力和科研能力，专业学位研究生可以在实践案例中提高实践技能和应用能力。其他选修课还可以开设一些通识、通用课程以及不同工程领域专业应用性较强的课程，所开课程涉及石油、地质、环境、经济、安全技术等。一方面拓展学生知识的广度和深度，丰富研究生的知识结构，另一方面满足学术学位和专业学位不同培养目标的需求。

5.4.2　建立产教融合的创新实践教学体系

目前我国大部分高校研究生的培养模式是在导师的指导下，阅读经典著作和专业学术期刊，寻找创新点和科研点，确定各自的科研方向和论文题目。研究生团队协作、实践操作和行业经验比较缺乏，专业学位研究生现场解决工程实际问题的能力[103] 尤为不足。地下水领域研究方向众多，有些研究方向需要室内测试分析，有些需要野外观测试验，有些需要工艺测试，有较强的地域要求和通用技术要求，因此多样性很强。这决定了该专业领域实践教学培养模式应该适应研究方向的多样性差距，避免一刀切的模式。

实践能力培养不仅以解决具体工程实际问题为目标，而且还要在实践中找到工程和科研的结合点和创新点。充分利用高校、企业和科研机构的优质资源，加强研究生联合培养基地建设，实现产学研良性互动。可以通过高校与行业企业共同建立产教融合实践教学基地，共同开设实践课程体系，共同设立定制化人才培养项目。比如，建立工程实习点、创新创业实践基地、工程研究中心、重点实验室等，结合石油、矿业、环保、冶金、生态等相关行业，充分发挥行业力量、促进教育链、人才链与产业链、创新链紧密衔接，为研究生开展实践教学提供机会。将高水平科研项目与研究生培养密切结合，提高科研创新和工程实践能力，为研究生创新提供资源保证和驱动力。实践基地依托单位选派思想素质好、业务能力强的人员与校内教师一起联合指导研究生，承担校外指导教师的职能，针对专业学位研究生的科研能力训练、科技创新、工艺设计创新、学位论文撰写等环节进行靶向指导，以达到提升研究生科研创新和实践能力的期望。

5.4.3 完善专业学位研究生双导师制培养管理办法

相对于学术学位研究生培养，专业学位研究生培养发展的时间还很短，培养模式还不完善，缺乏健全的培养体系。针对专业学位研究生的特定培养目标，《专业学位研究生教育发展方案（2020—2025 年）》中，特别针对专业学位研究生的毕业学位论文的形式提出了要求。如何保证专业学位论文质量，确保论文的内容与工程实践相结合是当前面临的实际问题。

在国外，校外导师参与指导专业学位研究生的过程更早更深入，双导师制已经是非常普遍的现象[104]。借鉴国外先进经验，建立健全“双导师制”[105]，让企业导师在选题时就融入研究生培养中，从而确保专业学位研究生论文选题具有更深的工程背景，更高的应用价值，更有意义的理论创新。同时重点应该在于应用课题的拓展或实际问题的解决，使论文所取得成果尽量具备应用价值，而不是一味追求论文的理论创新或机理研究工作。凸显实践创新，强化专业学位论文应用导向，论文形式多样化，以调研报告、规划设计、产品开发、案例分析、项目管理、艺术作品等为主要内容呈现。

校外导师指导研究生在企事业单位或学校内结合企事业单位工程实际的科研项目进行实践或研究工作，完成论文选题之后进入开题和中期阶段，开题阶段由校外导师、校内导师联合筛选定题，经与研究生商议后进入实质研究工作阶段。研究过程中定期组织研究生和两位导师线上汇报，校外导师主要把控论文大的研究方向以及生产实践过程中所遇到的困难或问题，校内导师则主要针对学生的具体科学问题、理论-实践相结合的情况提出意见，使学生进一步明确方向，此阶段一般持续为一年到一年半时间。实践或研究结束后开始进入学位论文的撰写阶段，需由校内、校外两位导师共同把关修改或审核，此过程层层严格把控，以确保专业学位研究生培养质量。

5.4.4 加强研究生职业生涯规划教育的指导

在传统的研究生教育教学观念中，职业生涯规划教育很少被受到重视[106]。职业生涯规划是一个结果性概念，更是一个过程性概念[107]。学生从决定报考研究生开始，就对人生发展目标有了基本的思考。研究生招生单位通过招生简章表明招生计划和培养目标，作为准研究生与招生单位在报考和招录方面的首次对接，也是培养目标与个人志向的首次对接。初试是入围选拔，复试则是对学生培养潜质的定向选拔，体现了学校与导师研究方向的基本判定，复试录取过程是对研究生专业发展方向校准的过程，在确定的大方向下，对研究生专业培养方案与职业生涯规划内容进行对接、磨合。进入研究生阶段，与本科的学习有很大不同。研究生阶段要提升家国情怀，要养成科学精神，还要发现自己的兴趣爱好，要寻找一条适合自己的成长之路。职业生涯规划课程是研究生阶段的必修课，就业指导工作应尽早纳入研究生的就业总体工作中，引导研究生主动规划未来，根据学术学位和专业学位不同的培养目标，确定每个个体在科研与应用道路上的定位。

重视宣传地下水科学和行业工程领域的发展对于研究生的迫切需求，形成系统、立体的职业生涯规划教育指导体系。具体包括以下三点：

（1）设立专门的就业指导服务中心和辅导员，在新生入学之初，即应通过班会、座谈会等方式对新生进行职业生涯规划教育，引导研究生初步了解自己所选专业的特点、学科发展现状、行业背景、就业前景等。

（2）通过邀请行业领军的科学家和工程专家，开设地下水科学前沿进展课程，指导学生对将来的职业生涯进行规划和认识，引导学生查阅行业相关资料，了解地下水科学对科研人员和从业者的知识能力要求，期望学生树立明确的目标，制定适合自己未来就业的学习规划。

（3）以市场为导向，运用大数据、云计算、人工智能等技术，动态监测人才需求和就业状况，完善培养与就业联动的动态机制，打造就业信息数据库，由该学科教授、副教授牵头，充分利用教师和校友掌握的科研机构、相关行业、企业资源，邀请来学校参加专场招聘活动，为研究生尽可能提供就业信息。

总之，地下水科学的研究生课程应以地学特色为基础，紧密结合环境学、生态学和计算机科学的优势，开设跨学科综合课程；科研工作中逐步融入了先进的技术和方法，以及其他学科的元素，研究生科研实践的内容逐步呈现出多学科交叉渗透研究与处理问题的现象；组建导师组的模式，尝试跨学科教学育人模式，实现地下水科学交叉学科创新能力的突破。通过优化顶层设计，构建课程体系，完善管理机制，开设综合实践，改革培养模式，加强国际交流，从建立专业的理论教学课程体系、培养研究生的创新实践能力、规范研究生培养的管理制度以及制定学生个体的职业生涯规划等四个角度，探索多学科交叉融合的教育模式，形成包含国家主导、行业支持、高校建设和社会参与的汇聚多元合力的培养模式，有助于培养具有国际视野、自主创新能力的研究生，从而促进地下水科学发展，为地下水科学研究生教育奠定良好发展格局。

综上所述，地下水科学具有与其他学科、其他领域交叉融合的独特禀赋。跨学科研究生教育是地下水科学研究生教育的一大挑战。跨越学科界限的更宽广的研究生教育是未来不可或缺的。交叉学科的创新支撑着新兴科学，地下水科学作为一门跨学科的综合性学科，高校在培养该学科研究生创新能力的过程中，除了开设系统、丰富、高质量的研究生课程和实践训练，来提高研究生从事专业领域技术工作的能力，还可以结合研究生科研发展的规律，开拓研究生的积极潜能。在研究生科研活动中可以构建不同研究背景的研究生组，在跨学科导师组的协助下，共同完成地下水科学中的基础科学问题或者前沿领域应用技术，尝试开发研究生内心对于创新的积极体验，树立研究生创新信心，培养研究生积极乐观的创新情感，增强研究生创新的热情性和主动性，使其保持良好的创新心态，并以科研工作过程中积极状态作为考核标准，进而增强研究生创新能力，实现交叉学科创新的突破。尽管市场就业或解决实际问题的专门知识和技能培养，仍然是地下水科学研究生教育阶段不可回避的现实焦点问题。开展跨学科教育，使得研究生走入不同岗位之后，更好地面对与地下水有关的多学科性的、横向延伸的、多维度的、跨国界的现实和科研问题，能够适应地下水学科创新发展的需要。

参　考　文　献

[1] 洪大用. 贯彻落实党的二十大精神 加快建设研究生教育强国 [J]. 学位与研究生教育，2023 (9)：1-7.

[2] 王小栋，王战军，蔺跟荣. 中国研究生教育 70 年发展历程、路径与成效 [J]. 中国高教研究，2019 (10)：33-40.

[3] 黄宝印. 我国专业学位研究生教育 30 年 [J]. 中国研究生，2021 (10)：16-31.

[4] 张人权，梁杏，靳孟贵，万力，于青春. 水文地质学基础 [M]. 北京：地质出版社，北京，2018.

[5] CHARBENEAU R J. Groundwater Hydraulics and Pollutant Transport [J]. Applied Mechanics Reviews，2002，55，B38-B39.

[6] DRAGONI W，SUKHIJA B S. Climate Change and Groundwater [M]. Geological Society of London Special Publication，2008，288：1-12.

[7] LANCIA M，YAO Y，ANDREWS C B，Wang X，Kuang X，Ni J，Gorelick S. M.，Scanlon B. R.，Wang Y，Zheng C. The China groundwater crisis：A mechanistic analysis with implications for global sustainability [J]. Sustainable Horizons，2022，4：100042.

[8] LALL U，JOSSET L，RUSSO T. A Snapshot of the World's Groundwater Challenges [J]. Annual Review of Environment and Resources，2020，45 (1)：171-194.

[9] 马宝强，王潇，汤超，等. 全球地下水资源开发利用特点及主要环境问题概述 [J]. 自然资源情报，2022 (8)：1-6.

[10] 中国地下水科学战略研究小组. 中国地下水科学的机遇与挑战 [M]. 北京：科学出版社，2009.

[11] Committee on Opportunities in the Hydrologic Science. Opportunities in the Hydrologic Science, 1st ed [M]. National Academic Press: Washington, DC, USA, 1991: pp. 1-5.

[12] 中国科学院. 地下水科学 [M]. 北京：科学出版社，2018.

[13] STRUCKMEIER W, HOWARD K, CHILTON J. The International Association of Hydrogeologists (IAH): Reflecting on 60 Years of Contributions to Groundwater Science and Water Management [J]. Hydrogeology Journal, 2016, 24: 1069-1086.

[14] DEMING D, FETTER C W. Hydrogeology: A Short History, Part 1 [J]. Groundwater, 2004, 42: 790-792.

[15] 林学钰. "地下水科学与工程"学科形成的历史沿革及其发展前景 [J]. 吉林大学学报（地球科学版），2007，37（2）：209-215.

[16] ESCALANTE E F. Dissemination, Technology Transfer and Environmental Education Criteria Applied to Hydrogeology, and Specially, to Managed Aaquifer Recharge: Proposal for a Strategy to Introduce These Techniques to the Population, and Some Examples for Spain [J]. Environmental Earth Sciences, 2013: 70: 2009-2031.

[17] 袁广林. 新科技革命与交叉学科专业设置——兼论新一轮学科专业目录调整的方向 [J]. 研究生教育研究，2021，65（5）：1-8.

[18] VOSS C I. The Future of Hydrogeology [J]. Hydrogeology Journal, 2005 (13): 1-6.

[19] 王大纯，张宗祜. 水文地质学的研究现状和今后发展方向 [J]. 科学通报，1965（6）：511-520.

[20] 张俐，王方正. 中国地质大学研究生教育的历史演进 [J]. 中国地质教育，2005（1）：36-42.

[21] 陈梦熊. 我国水文地质科学的现状与今后发展方向 [J]. 科学通报，1956（6）：51-54，45.

[22] 钱祥麟. 关于"水文地质与工程地质学"专业的一级学科归属的意见与建设 [J]. 地球科学进展，1998，13（1）：58-61.

[23] ROLAND B, ROMAN S, RAUL H. Interdisciplinary Collaboration between Natural and Social Sciences - Status and Trends Exemplified

in Groundwater Research [J]. PLoS One，2017，12：e0170754.

[24] ZALTSBERG E. The Cradle of Russian Hydrogeology：85 Years of Groundwater Studies at the Leningrad Mining Institute [J]. Groundwater，2016，54 (2)：304 - 307.

[25] KAZEMI G A. Current state of hydrogeology education in Iran and the major shortfalls [J]. Hydrogeology Journal，2009，17 (4)：759 - 761.

[26] SCHAFMEISTER M T. Hydrogeology education in Germany：what are we missing? [J]. Hydrogeology Journal，2001，9 (5)：417 - 418.

[27] ZALTSBERG E. 苏联水文地质人才的培养一瞥 [J]. 世界地质，1989，8 (1)：149 - 154.

[28] FLETCHER E C，GORDON H R D. The Status of Career and Technical Education Undergraduate and Graduate Programs in the United States [J]. Peabody Journal of Education，2017，92：236 - 253.

[29] KYVIK S，THUNE T. Assessing the quality of PhD dissertations. A survey of external committee members [J]. Assessment & Evaluation in Higher Education，2015 (40)：768 - 782.

[30] 陈梦熊. 现代水文地质学的演变与发展 [J]. 水文地质工程地质，1993 (3)：1 - 7.

[31] 丁厚成. 高校创新型安全工程专业人才培养模式的构建 [J]. 安全与环境工程，2012 (6)：101 - 104.

[32] 刘国瑜，李昌新. 对专业学位研究生教育本质的审视与思考 [J]. 学位与研究生教育，2012 (7)：39 - 42.

[33] 蔡小春，刘英翠，熊振华. 全日制专业学位研究生项目式实践课程的创新探索 [J]. 学位与研究生教育，2018 (4)：20 - 25.

[34] 廖湘阳，周文辉. 中国专业学位硕士研究生教育发展反思 [J]. 清华大学教育研究，2017 (2)：102 - 110.

[35] 陈洪捷，沈文钦，吴彬，等. 全国研究生教育大会专家谈 [J]. 研究生教育研究，2020 (5)：6 - 104.

[36] GLAZER J. The Master's Degree：Tradition Diversity，Innovation，ASHE - ERIC Higher Education Report No. 6 [R]. Washington DC：

Association for the Study of Higher Education, 1986.

[37] FELLY K, DARWIN H. Emergence and Growth of Professional Doctorates in the United States, United Kingdom, Canada and Australia: A Comparative Analysis [J]. Studies in Higher Education, 2012, 37 (3): 345-364.

[38] BOURNER T, BOWDEN R, LIANG S. Professional doctorates in England [J]. Studies in Higher Education, 2001, 26 (1): 65-83.

[39] EDUCATION A B. Understanding the Changing Market for Professional Master's Programs [M]. Washington DC: The Advisory Board Company, 2015: 8.

[40] 于珈懿. 美国专业学位研究生培养模式研究 [D]. 济南：山东师范大学，2020.

[41] TOBIAS S, TRAUSBAUGH L. The Professional Science Master's Degree at Twenty [J]. Journal of College Science Teaching, 2018, 47 (4): 8-9.

[42] 张彦春，何继善. 工程管理硕士专业学位人才培养模式探析 [J]. 科技进步与对策，2012，29 (18)：128-131.

[43] 黄宝印. 我国专业学位研究生教育发展的新时代 [J]. 学位与研究生教育，2010 (10)：1-7.

[44] 刘万涛. 全日制专业学位研究生招生形势与对策探析 [J]. 科技与管理，2012，14 (4)：125-130.

[45] 郭建春，李早元，杨世箐. 工程类专业学位硕士研究生培养模式研究 [J]. 中国高等教育，2020 (10)：43-45.

[46] 荆海涛，郭昭君. 新时期工程专业学位硕士学位授予质量标准初探 [J]. 当代教育实践与教学研究，2020 (8)：112-113.

[47] 谢安邦. 构建合理的研究生教育课程体系 [J]. 高等教育研究，2003 (5)：68-72.

[48] 易玉枚，董子文，易灿南，等. 专业认证背景下安全工程专业课程体系优化探讨 [J]. 安全与环境工程，2020 (3)：153-156.

[49] 谢好，宋卫军. 环境工程专业课实践教学法的探讨 [J]. 安全与环境工程，2009 (3)：9-11.

[50] 邓艳，吴蒙. 全日制工程硕士专业学位联合培养质量保障制度研究 [J]. 黑龙江高教研究，2014 (10)：134 - 136.

[51] 李静海. 深化科学基金改革推动基础研究高质量发展 [J]. 中国科学基金，2020，34 (5)：529 - 532.

[52] 张人权，梁杏，靳孟贵，等. 当代水文地质学发展趋势与对策 [J]. 水文地质工程地质，2005 (1)：51 - 56.

[53] 熊巨华，刘羽，姚玉鹏. 国家自然科学基金资助水文地质学科的概况与分析 [J]. 地球科学进展，2009，24 (9)：1057 - 1064.

[54] 李东，郝艳妮，彭升辉，等. 国家自然科学基金委员会信息化建设现状及智能化发展展望 [J]. 中国科学基金，2023，37 (2)：307 - 311.

[55] 凝练科学问题案例编写组. 凝练科学问题案例 [M]. 北京：科学出版社，2023.

[56] 郑袁明，李海龙，贾炳浩，等. 2022 年度地球科学部基金项目评审工作综述 [J]. 中国科学基金，2023，37 (1)：30 - 35.

[57] 刘佳，李志兰，雷蓉，等. 国家自然科学基金联合基金发展历程、现状及思考 [J]. 中国科学基金，2021，35 (S1)：2 - 5.

[58] ZHENG Chunmiao，GUO Zhilin. Plans to protect China's depleted groundwater [J]. Science (New York，N. Y.)，2022，375 (6583)：827.

[59] 孙姝娜，李文聪，赵闯，等. 系统深化科学基金国际合作，积极融入全球科技创新网络 [J]. 中国科学基金，2022，36 (5)：772 - 779.

[60] ZHENG Chunmiao，MA Rui . IGW/DL：A Digital library for teaching and learning hydrogeology and groundwater modeling [J]. Ground Water，2010，48 (3)：339 - 342.

[61] WU Jichun，LU Le，TANG Tian. Bayesian Analysis for Uncertainty and Risk in a Groundwater Numerical Model [J]. Human and Ecological Risk Assessment，2011，17 (6)：1310 - 1331.

[62] 李海龙，万力，焦纠纠. 海岸带水文地质学研究中的几个热点问题 [J]. 地球科学进展，2011，26 (7)：685 - 694.

[63] HAN Guilin，LV Pin，TANG Yang，et al. Spatial and temporal variation of H and O isotopic compositions of the Xijiang River sys-

tem，Southwest China [J]. Isotopes in Environmental and Health Studies，2018，54 (2)：137-146.

[64] 王广才，王焰新，刘菲，等. 基于文献计量学分析水文地球化学研究进展及趋势 [J]. 地学前缘，2022，29 (3)：25-36.

[65] 庞忠和，郭永海，苏锐，等. 北山花岗岩裂隙地下水循环属性试验研究 [J]. 岩石力学与工程学报，2007，(S2)：3954-3958.

[66] XU Tianfu，FENG Guanhong，SHI Yan. Journal of Geochemical Exploration，2014，144：179-193.

[67] QIAN Jiazhong，WANG Zekun，GARRARD R，et al. Non-invasive image processing method to map the spatiotemporal evolution of solute concentration in two-dimensional porous media [J]. Journal of Hydrodynamics，2018，30 (4)：758-761.

[68] 于青春，武雄，大西有三. 非连续裂隙网络管状渗流模型及其校正 [J]. 岩石力学与工程学报，2006，25 (7)：1469-1474.

[69] 熊巨华，王佳，张晴，等. 地理科学的学科体系构建与内涵 [J]. 科学通报，2021，66 (2)：153-161.

[70] XIA Jun，ZHANG Yongyong. Water security in North China and countermeasure to climate change and human activity [J]. Physics and Chemistry of the Earth，2008，33 (5)：359-363.

[71] TANG Qiuhong，OKI T. Terrestrial Water Cycle and Climate Change：Natural and Human-Induced Impacts [M]. Hoboken，New Jersey：John Wiley & Sons，2016.

[72] 李小雁，马育军. 地球关键带科学与水文土壤学研究进展 [J]. 北京师范大学学报（自然科学版），2016，52 (6)：731-737.

[73] 王根绪，夏军，李小雁，等. 陆地植被生态水文过程前沿进展：从植物叶片到流域 [J]. 科学通报，2021，66 (Z2)：3667-3683.

[74] 刘羽，王军，李慧，等. 环境地球科学学科发展与展望 [J]. 科学通报，2021，66 (2)：201-209.

[75] 郭华明，高志鹏，修伟. 地下水氮循环与砷迁移转化耦合的研究现状和趋势 [J]. 水文地质工程地质，2022，49 (3)：153-163.

[76] ZHENG Yan，JOSEPH D. Hazard Assessment and Reduction of

Health Risks from Arsenic in Private Well Waters of Northeastern America and Atlantic Canada [J]. Science of the Total Environment, 2015, 505: 1237 - 1247.

[77] PU Shengyan, YAN Chun, HUANG Hongyan, et al. Toxicity of nano - CuO particles to maize and microbial community largely depends on its bioavailable fractions [J]. Environmental Pollution, 2019, 255: 113248.

[78] HOU Deyi, Abir Al - Tabbaa, David O' Connor, et al. Sustainable remediation and redevelopment of brownfield sites [J]. Nature Reviews Earth & Environment, 2023, (4): 271 - 286.

[79] WANG Yanxin, ZHENG Chunmiao, MA Rui. Review: Safe and sustainable groundwater supply in China [J]. Hydrogeology Journal, 2018, 26: 1301 - 1324.

[80] YUAN Songhu, LIU Xixiang, LIAO Wenjuan, et al. Mechanisms of electron transfer from structrual Fe (Ⅱ) in reduced nontronite to oxygen for production of hydroxyl radicals [J]. Geochimica et Cosmochimica Acta, 2018, 223: 422 - 436.

[81] 路宁，王亚杰，胡天军，等. 国家自然科学基金在研究生培养中的作用及相关问题研究 [J]. 中国科学基金，2002 (6): 338 - 340.

[82] 胡天军，张香平，向琳. 国家自然科学基金制与研究生培养制度的互动关系分析 [J]. 中国科学基金，2003，2 (3): 56 - 59.

[83] SCARAZZATI S, WANG L. The effect of collaborations on scientific research output: the case of nanoscience in Chinese regions [J]. Scientometrics, 2019, 121 (2): 839 - 868.

[84] DOCAMPO D, BESSOULE J. J. A new approach to the analysis and evaluation of the research output of countries and institutions [J]. Scientometrics, 2019, 119 (2): 1207 - 1225.

[85] AUDRETSCH D, LINK A, HASSELT M V. Knowledge begets knowledge: knowledge spillovers and the output of scientific papers from U. S. Small Business Innovation Research (SBIR) Projects [J]. UNCG Economics Working Papers, 2019, 121 (3): 1367 - 1383.

[86] ZONG F, WANG L, YONG D. Evaluation of university scientific research ability based on the output of sci - tech papers: A D - AHP approach [J]. Plos One, 2017, 12 (2): e0171437.

[87] HINDRIK M. Look beyond the impact factor [J]. Diabetologia, 2021, 64 (10): 2129 - 2130.

[88] REBECCA R. Impact factor and the IUJ [J]. International Urogynecology Journal, 2021, 32 (10): 2559.

[89] KOSTAS K. What Is the Impact of the Impact Factor? [J]. Science & Education, 2018, 27 (5 - 6): 405 - 406.

[90] SADEGH M. Evaluation of the Relevance of Research Articles Published 50 Years Ago in Key Scientific Journals in the USA, England and Germany: Introduction of 50 Years Impact Index in Addition to Impact Factor [J]. Archives of Iranian medicine, 2019, 22 (10): 606 - 611.

[91] FRAHM J. Implications of Web of Science journal impact factor for scientific output evaluation in 16 institutions and investigators'opinion [J]. Quantitative Imaging in Medicine and Surgery, 2014, 4 (6): 453 - 461.

[92] 2021—2030地球科学发展战略研究组. 2021—2030地球科学发展战略宜居地球的过去、现在与未来 [M]. 北京: 科学出版社, 2021: 1 - 13.

[93] 李占华，康若祎，潘宏志，等. 协同推进学科建设与研究生教育的探索与实践 [J]. 学位与研究生教育，2021，12 (5): 35 - 40.

[94] 辛卓航，叶磊，刘海星，等. 生态文明建设背景下传统工科发展模式探讨——以水利工程学科为例 [J]. 高教学刊，2021，7 (15): 84 - 87.

[95] 牛之俊. 深入贯彻落实习近平生态文明思想高质量推进地下水调查监测工作 [N]. 中国自然资源报，2022 - 03 - 22 (001).

[96] 陈鸿汉，梁鹏，刘明柱. 新时期地下水环境影响评价工作思考 [J]. 环境影响评价，2022，44 (2): 24 - 27.

[97] 卢耀如. 建设生态文明保护地下水资源促进可持续开发利用 [J]. 地球学报，2014，35 (2): 129 - 130.

[98] 李原园，于丽丽，丁跃元．地下水管控指标确定思路与技术路径探讨 [J]．中国水利，2021 (7)：5-8.

[99] 田秀秀，王彦兵，杨翠玉，等．基于GWR模型的地下水超采对地面沉降影响分析 [J]．地理与地理信息科学，2021，37 (3)：97-102.

[100] 于丽敏．地下水超采对水环境的影响和地下水超采综合治理方案研究 [J]．环境科学与管理，2021，46 (4)：24-28.

[101] 胡振通，王亚华．华北地下水超采综合治理效果评估——以冬小麦春灌节水政策为例 [J]．干旱区资源与环境，2019，33 (5)：101-106.

[102] 李福林，陈华伟，王开然，等．地下水支撑生态系统研究综述 [J]．水科学进展，2018，29 (5)：750-757.

[103] 吴恺，杨茜．专业学位研究生实践课程教学改革的成效和对策建议——以南京大学为例 [J]．研究生教育研究，2020 (4)：60-65.

[104] Paul Y. Adjunct Views of Adjunct Position [J]. Change：The Magazine of Higher Learning，2016 (6)：54-59.

[105] 杨超，徐天伟．专业学位研究生教育“双导师制”的制度设计及构建路径 [J]．黑龙江高教研究，2019 (1)：66-70.

[106] 杨秋波，陈金龙，王世斌．职业能力导向的专业学位研究生培养目标生成机制研究 [J]．高等工程教育研究，2015 (3)：102-107.

[107] 赵富才，康宁．硕士研究生培养目标定位与职业生涯规划确立的联动机制研究 [J]．聊城大学学报（社会科学版），2020 (5)：121-128.